高等学校教材

普通化学实验

General Chemistry Experiment

主编　贺拥军　赵世永

西北工业大学出版社

【内容简介】 本书主要包括5个部分：普通化学实验的基础知识和化学实验基本操作，普通化学实验中的数据表达与处理方法，普通化学实验中一些常用的精密仪器的使用方法，30个基础性实验和8个综合性实验以及附录。

本书可作为高等学校"普通化学实验"教材，并可作为化工企业技术人员的参考资料。

图书在版编目(CIP)数据

普通化学实验/贺拥军，赵世永主编．—西安：西北工业大学出版社，2007.9(2011.7重印)
ISBN 978-7-5612-2293-5

Ⅰ.普… Ⅱ.①贺… ②赵… Ⅲ.化学实验 Ⅳ.O6-3

中国版本图书馆CIP数据核字(2007)第136934号

出版发行：西北工业大学出版社
通信地址：西安市友谊西路127号，邮编：710072
电　　话：(029)88493844　88491757
网　　址：www.nwpup.com
印 刷 者：陕西兴平报社印刷厂
开　　本：787 mm×1 092 mm　1/16
印　　张：8.75
字　　数：209千字
版　　次：2007年9月第1版　2011年7月第2次印刷
定　　价：17.00元

前　言

“普通化学实验”是非化工化学专业大学普通化学课程的重要组成部分，旨在为大学生提供宝贵的实践机会和空间。当前，培养“厚基础、宽口径、高素质”的创新型、应用型人才已成为高等院校人才培养的共同目标。“普通化学实验”尤其注重培养学生独立思考、设计实验方案等实验技能和科学素养，使学生得到全面的化学素质教育。

本书分5个部分。第1章为普通化学实验基础，介绍普通化学实验的基础知识和化学实验基本操作。第2章为普通化学实验中的数据表达与处理，包括实验及计算中的有效数字、平均偏差、样本偏差、化学实验中数据的作图法处理以及计算机在化学实验数据处理中的应用等内容。第3章介绍普通化学实验精密仪器的使用，包括分析天平、酸度计、电导率仪、分光光度计、奥氏气体分析仪和WZZ—2型自动旋光仪等。第4章介绍实验内容，包括30个基础性实验和8个综合性实验。最后一部分为附录。

参加本书编写工作的有：于春霞（第1章的“普通化学实验的一般知识”，第2章），张亚婷（第1章的“普通化学实验基本操作”），赵世永（第3章、第4章的“基础性实验”16～30，第4章的“综合性实验”，附录），贺拥军（第4章的“基础性实验1～15”）。全书由贺拥军和赵世永担任主编。

本书在编写过程中，得到西安科技大学化学与化工系蔡会武、李侃社、李天良、郭晓滨、闫兰英、黄婕、刘向荣、冯爱红、曲建林、梁耀东、赵小玲、杨建利、章结兵、张润兰、杨兵乾、康洁等老师的大力帮助以及周安宁等老师的热心指导，在此表示衷心感谢！

由于编者水平有限，书中难免存在错误和不妥之处，希望读者批评指正。

编　者

2007年6月

目 录

第 1 章　普通化学实验基础

1.1　普通化学实验的一般知识

1.1.1　普通化学实验目的

普通化学是一门实验性科学，只有进行实验，才能很好地领会和牢固地掌握化学的基本理论和基础知识。其主要目的是：

(1) 通过实验使学生正确地掌握化学实验的基本操作方法、技能和技巧，学会使用化学实验的仪器，具备安装设计简单实验装置的能力。

(2) 通过实验使学生了解一些常见无机物的制备、分离和提纯方法；通过验证无机化学的基本反应规律及基本理论，加深对基本概念的理解。

(3) 通过实验培养学生正确观察、记录和分析实验现象，合理处理实验数据，规范绘制仪器装置图，撰写实验报告，查阅文献资料等方面的能力。

(4) 通过实验培养学生实事求是的科学态度，准确、细致、整洁的良好实验习惯，科学的思维方法以及处理实验中一般事故的能力。

1.1.2　普通化学实验方法

为了达到上述目的，要求学生必须有正确的学习态度和学习方法。教师要在启发学生自觉的基础上进行严格要求。为了完成好普通化学实验，必须认真做到以下几点：

(1) 充分预习。充分预习实验教材、教科书及其他参考资料是保证做好实验的重要环节。预习时要明确实验目的，知晓实验原理，了解实验的内容、步骤、操作过程和实验时应注意的事项。要写好预习笔记，做到心中有数。实验开始前，教师要检查学生的预习情况。若发现学生预习不够充分，应要求该学生掌握实验内容之后再进行实验。

(2) 认真实验。学生应在预习的基础上，按照实验步骤、试剂用量和仪器的使用方法严肃认真地进行实验，做到规范操作、细致观察、如实记录。如发现实验现象与理论不符时，应对实验过程一步一步地核查，找出失败的原因，提出改进的措施，重新操作，以便得出有益的结论或采取相应的补救措施。如有新的见解和建议，须在征得老师同意后，方可改变实验方案进行实验。在实验过程中应保持肃静，并严格遵守实验室的各项规章制度。

(3)做好总结。实验结束后，要对实验进行全面总结，写出实验报告。应根据实验现象进行分析、解释，写出有关的反应方程式，或根据实验数据进行计算，并将计算结果与理论值进行比较、分析，从而得出结论。实验报告应简明扼要，书写工整，不要随意涂改，更不能相互抄袭、马虎行事。

1.1.3 普通化学实验课学生守则

(1) 上实验课前，必须预习实验指导书，了解实验的目的、原理、步骤和注意事项。实验前必须按清单清点所用仪器，如发现有破损或缺少，应立即报告指导教师。

(2) 实验时，必须认真地按照实验方法和步骤进行，勤于思考，仔细分析，力争自己解决问题。做好原始数据的记录。原始数据要用钢笔或圆珠笔书写，并经过老师签字。禁止穿拖鞋、背心进入实验室，树立良好的风气和秩序。

(3) 保持实验室安静、清洁和整齐。火柴梗、废纸屑、残渣等固体废弃物应丢入废物桶中，废液应倒入指定的废液缸中，严禁倒入水槽内，以防水槽和水管堵塞或腐蚀。

(4) 使用精密仪器时，必须严格按照操作规程进行操作，细心谨慎，避免因粗心大意而损坏仪器。如发现仪器有故障，应立即停止使用，报告老师，及时排除故障。使用后必须自觉填写使用登记本。

(5)药品应按规定量取用，自瓶中取出药品后，不应将药品倒回原瓶中，以免带入杂质。取用药品后，应立即盖上瓶塞，以免搞错瓶塞，玷污药品，并随即将药品瓶放回原处。

(6) 实验完毕，必须将玻璃仪器洗涤干净，放回原处。值日生应整理好其他实验仪器，搞好实验台面、地面、水槽和周边的清洁卫生，关好水龙头、煤气、电源和门窗。得到指导教师允许后，方可离开实验室。

(7)实验课后，理论联系实际，认真处理数据，分析问题，写出实验报告，按时交给老师批阅。

1.1.4 危险品的分类

根据危险品的性质，常用的一些化学药品可大致分为易燃、易爆和有毒三大类。

1. 易燃化学药品

(1) 可燃气体有 NH_3，$CH_3CH_2NH_2$，Cl_2，CH_3CH_2Cl，C_2H_2，H_2，H_2S，CH_4，CH_3Cl，O_2，SO_2和煤气等。

(2) 易燃液体可分为一级、二级、三级。一级易燃液体有丙酮、乙醚、汽油、环氧丙烷、环氧乙烷等；二级易燃液体有甲醇、乙醇、吡啶、甲苯、二甲苯、正丙醇、异丙醇、二氯乙烯、丙酸戊酯等；三级易燃液体有火柴、煤油、松节油等。

(3) 易燃固体可分为无机物和有机物两大类，无机物类如红磷、硫磺、P_2S_3、镁粉和铅粉等；有机物类如硝化纤维、樟脑等。

(4) 自燃物质有白磷。

(5) 遇水燃烧的物品有 K，Na，CaC_2等。

2. 易爆化学药品

H_2，C_2H_2，CS_2和乙醚及汽油的蒸气与空气或 O_2混合，皆可因火花导致爆炸。

单独可爆炸的有硝酸铵、雷酸铵、三硝基甲苯、硝化纤维、苦味酸等。

混合发生爆炸的有 C_2H_5OH 加浓 HNO_3；$KMnO_4$ 加甘油；$KMnO_4$ 加 S；HNO_3 加 Mg 和 HI；NH_4NO_3加锌粉和水滴；硝酸盐加 $SnCl_2$；过氧化物加 Al 和 H_2O；S 加 HgO；Na 或 K 加

H_2O等。

氧化剂与有机物接触，极易引起爆炸，故在使用HNO_3，$HClO_4$，H_2O_2等时必须注意。

3. 有毒化学药品

(1) Br_2，Cl_2，F_2，HBr，HCl，HF，SO_2，H_2S，$COCl_2$，NH_3，NO_2，PH_3，HCN，CO，O_3和BF_3等均为有毒气体，具有窒息性或刺激性。

(2) 强酸和强碱均会刺激皮肤，有腐蚀作用，会造成化学烧伤。强酸、强碱可烧伤眼睛角膜，其中强碱烧伤后 5min，可使角膜完全毁坏。HF，PCl_3，CCl_3COOH 等也有强腐蚀性。

(3) 高毒性固体有无机氰化物、As_2O_3等砷化物、$HgCl_2$等可溶性汞化合物、铊盐、Se 及其化合物和V_2O_5等。

(4) 有毒有机物有苯、甲醇、CS_2等有机溶剂，芳香硝基化合物、苯酚、硫酸二甲酯、苯胺及其衍生物等。

(5) 已知的危险致癌物质有联苯胺及其衍生物、β-萘胺、二甲氨基偶氮苯、α-萘胺等芳胺及其衍生物，N-四甲基-N-亚硝基苯胺、N-亚硝基二甲胺、N-甲基-N-亚硝基脲、N-亚硝基氢化吡啶等 N-亚硝基化合物，双(氯甲基)醚、氯甲基甲醚、碘甲烷、β-羟基丙酸丙酯等烷基化试剂，硫代乙酰胺硫脲等含硫化合物，石棉粉尘等。

(6) 具有长期积累效应的毒物有苯、铅化合物，特别是有机铅化合物；汞、二价汞盐和液态的有机汞化合物等。

1.1.5 易燃、易爆和腐蚀性药品的使用规则

(1) 绝不允许把各种化学药品任意混合，以免发生意外事故。

(2) 使用氢气时，要严禁烟火。点燃氢气前，必须检查氢气的纯度。进行有大量氢气产生的实验时，应把废气通至室外，并须注意室内通风。

(3) 可燃性试剂均不能用明火加热，必须用水浴、油浴、沙浴或可调电压的电热套加热。使用和处理可燃性试剂时，必须在没有火源且通风的实验室中进行，试剂用毕要立即盖紧瓶塞。

(4) 钾、钠和白磷等暴露在空气中易燃烧，所以钾、钠应保存在煤油中，白磷则可保存在水中。取用此类物质时应使用镊子。

(5) 取用酸、碱等腐蚀性试剂时，应特别小心，不要洒出。废酸应倒入废酸缸，但不要往废酸缸中倾倒碱液，以免因酸碱中和放出大量的热而发生危险。浓氨水具有强烈的刺激性，一旦吸入较多氨气，可能导致头晕甚至昏倒；若氨水溅入眼内，严重时可能造成失明。所以，在热天取用浓氨水时，最好先用冷水浸泡氨水瓶使其降温后再开盖取用。

(6) 对某些强氧化剂(如$KClO_3$，KNO_3，$KMnO_4$等)或其混合物，不能研磨，否则将引起爆炸；银氨溶液不能留存，因其久置后会生成Ag_3N而容易发生爆炸。

1.1.6 有毒、有害药品的使用规则

(1) 有毒药品(如铅盐、砷的化合物、汞的化合物、氰化物和$K_2Cr_2O_7$等)不得进入口内或接触伤口，也不能随便倒入下水道。

(2) 金属汞易挥发，并通过呼吸道而进入人体内，会逐渐积累而造成慢性中毒，所以取用时要特别小心，不得把汞洒落在桌上或地上。一旦洒落，必须尽可能收集起来，并用硫磺粉盖

在洒落汞的地方，使汞转变成不挥发的 HgS，然后清除掉。

(3) 制备和使用具有刺激性、恶臭和有害的气体（如 H_2S，Cl_2，$COCl_2$，CO，SO_2，Br_2 等）及加热蒸发浓 HCl，HNO_3，H_2SO_4 等时，应在通风橱内进行。

(4) 对一些有机溶剂如苯、甲醇、硫酸二甲酯等，使用时应特别注意。因这些有机溶剂均为脂溶性液体，不仅对皮肤及黏膜有刺激作用，而且对神经系统也有损伤。生物碱大多具有强烈毒性，皮肤亦可吸收，少量即可导致中毒甚至死亡。因此，使用这些试剂时，均须穿上工作服、戴手套和口罩等。

(5) 必须了解哪些化学药品具有致癌作用。在取用这些药品时应特别注意，以免侵入人体内。

1.1.7 意外事故的预防和处理

1. 意外事故的预防

(1) 防火。

1) 在操作易燃溶剂时，应远离火源，切勿将易燃溶剂放在敞口容器内用明火加热或放在密闭容器中加热。

2) 在进行易燃物质实验时，应与酒精等易燃物质隔离开。

3) 蒸馏易燃物质时，装置不能漏气，接受器支管应与橡皮管相连，使余气通往水槽或室外。

4) 回流或蒸馏液体时应放沸石，不要用火焰直接加热烧瓶，而应根据液体沸点高低使用石棉网、油浴、沙浴或水浴、冷凝水等，要保持畅通。

5) 切勿将易燃溶剂倒入废液缸中，更不能用敞口容器盛放易燃液体。倾倒易燃液体时应远离火源，最好在通风橱中进行。

6) 油浴加热时，应绝对避免水滴溅入热油中。

7) 酒精灯用毕应立即盖火。避免使用灯颈已破损的酒精灯。切忌斜持一只酒精灯到另一只酒精灯上去接火。

(2) 爆炸的预防。

1) 蒸馏装置必须安装正确。常压操作时，切勿造成密闭体系；减压蒸馏时，要用圆底烧瓶或吸滤瓶作接受器，不可用锥形瓶，否则可能会发生爆炸。

2) 使用易燃易爆气体如氢气、乙炔等时，要保持室内空气畅通，严禁明火，并应防止一切火星的产生。有机溶剂如乙醚和汽油等的蒸气与空气相混时极为危险，可能会由一个热的表面或者一个火花、电花而引起爆炸，应特别注意。

3) 使用乙醚时，必须检查有无过氧化物存在，如果发现有过氧化物，应立即用 $FeSO_4$ 除去过氧化物后才能使用。

4) 对于易爆炸的固体，或遇氧化剂会发生猛烈爆炸或燃烧的化合物，或可能生成有危险性的化合物的实验，都应事先了解其性质、特点及注意事项，操作时应特别小心。

5) 开启储有挥发性液体的试剂瓶时，应先充分冷却，开启时瓶口必须指向无人处，以免由于液体喷溅而导致伤害。当瓶塞不易开启时，必须注意瓶内储物的性质，切不可冒然用火加热或乱敲瓶塞等。

(3) 中毒的预防。

1）对有毒药品应小心操作，妥为保管，不许乱放。实验中所用的剧毒物质应由专人负责收发，并向使用者说明的操作规程。对实验后的有毒残渣必须做妥善有效的处理，不准随意丢弃。

2）某些有毒物质会渗入皮肤，因此，使用这些有毒物质时必须穿工作服，戴手套，操作后立即洗手，切勿让有毒药品沾染五官或伤口。

3）在反应过程中可能生成有毒或腐蚀性气体的实验应在通风橱内进行，实验过程中，不要把头探入橱内，使用后应及时清洗器皿。

（4）触电的预防。

使用电器时，应避免人体与电器导电部分直接接触，不能用湿手或手握湿的物体接触电插头。装置和设备的金属外壳等都应先连接地线。实验后应切断电源，再将电器连接总电源的插头拔下。

2. 意外事故的处理

（1）起火。起火时，要立即一面灭火，一面防止火势蔓延（如采取切断电源、移去易燃药品等措施）。灭火要针对起因选用合适的方法：一般的小火可用湿布、石棉布或沙子覆盖燃烧物；火势大时可使用泡沫灭火器；电器失火时切勿用水泼救，以免触电；若衣服着火，切勿惊慌乱跑，应赶快脱下衣服，或用石棉布覆盖着火处，或立即就地卧倒打滚，或迅速以大量水扑灭。

（2）割伤。伤处不能用手抚摸，也不能用水洗涤。应先取出伤口中的玻璃碎片或固体物，用3% H_2O_2洗后涂上碘酒，再用绷带扎住。大伤口则应先按紧主血管以防大量出血，急送医务室。

（3）烫伤。不要用水冲洗烫伤处。烫伤不重时，可涂抹甘油、万花油，或者用蘸有酒精的棉花包扎伤处；烫伤较重时，立即用蘸有饱和苦味酸溶液或饱和 $KMnO_4$溶液的棉花或纱布贴上，再送医务室处理。

（4）酸或碱灼伤。酸灼伤时，应立即用水冲洗，再用 3% $NaHCO_3$溶液或肥皂水处理；碱灼伤时，水洗后用 1% HAc 溶液或饱和 H_3BO_3溶液洗。

（5）酸或碱溅入眼内。酸液溅入眼内时，立即用大量自来水冲洗眼睛，再用 3% $NaHCO_3$溶液洗眼；碱液溅入眼内时，先用自来水冲洗眼睛，再用 10% H_3BO_3溶液洗眼。最后均用蒸馏水将余酸或余碱洗净。

（6）皮肤被溴或苯酚灼伤。应立即用大量有机溶剂如酒精或汽油洗去溴或苯酚，最后在受伤处涂抹甘油。

（7）吸入刺激性或有毒气体。吸入 Cl_2或 HCl 气体时，可吸入少量乙醇和乙醚的混合蒸气使之解毒；吸入 H_2S 或 CO 气体而感到不适时，应立即到室外呼吸新鲜空气。应注意，Cl_2或 Br_2中毒时不可进行人工呼吸，CO 中毒时不可使用兴奋剂。

（8）毒物进入口内。把 5～10 mL 5% $CuSO_4$溶液注入一杯温水中，内服后，把手指深入咽喉部，促使呕吐，吐出毒物，然后立即送医务室。

（9）触电。首先切断电源，然后在必要时进行人工呼吸。

1.2 普通化学实验基本操作

1.2.1 常用玻璃仪器的洗涤和干燥及简单的玻璃加工

1. 仪器的洗涤

洗涤仪器的方法很多，应当根据实验的要求、污物的性质和沾污的程度来选择。一般有下列几种洗涤方法：

(1)用水刷洗。此法既可洗去溶于水的物质，又可使附着在仪器上的尘土和不溶性物质脱落下来，但对油污效果并不好。洗刷时，要选用合适的刷子，若刷子顶端无毛，则不宜使用，防止损坏玻璃器皿。

(2)用去污粉或合成洗涤剂刷洗。去污粉中含有碳酸钠、白土和细沙，具有去油污和摩擦作用，适宜用于一般油污及不溶物黏附较牢的器皿的刷洗。合成洗涤剂则适用于油污较多的器皿刷洗。经去污粉或合成洗涤剂刷洗的器皿，必须要用自来水将残存的去污粉或合成洗涤剂冲洗干净才能使用。

(3)还原性洗涤液。这类洗涤液有粗盐酸、草酸、$HCl-H_2O_2$、亚硫酸钠、酸性硫酸亚铁等洗涤液。它们主要是用于洗一些不溶性的固体氧化剂如 MnO_2 等。

(4)浓硫酸-重铬酸钾洗涤液(又称铬酸洗涤液)。这种洗液具有很强的氧化性，对有机物和油污的去污能力特别强，适宜于一些对洁净程度要求较高的定量器皿(如滴定管、容量瓶、移液管等)，以及一些形状特殊、不能用刷子刷洗的仪器。

浓硫酸-重铬酸钾洗涤液的具体配制方法：称取 10g 研细的重铬酸钾固体，加热溶于 20 mL水中，待冷却后，边搅拌边缓慢地加入 180 mL 浓 H_2SO_4(切勿将溶液加入浓 H_2SO_4)，冷却后，移入磨口瓶中保存。

使用该洗液时注意如下几点：

1) 使用洗液前，应先用水刷去外层污物，并用水冲内层污物。冲洗完毕后应将仪器内的残存水控干，避免水把洗液冲稀，降低其氧化能力。

2) 用洗液时，首先将洗液倒入仪器中 1/5 至 1/4 的容积，然后慢慢地将仪器倾斜旋转，使仪器的内壁全部为洗液润湿，反复操作一两次；然后将洗液倒回储存瓶中，倒置一会儿，让残存的洗液流尽，然后用水将附着在内壁的洗液冲洗干净；最后用少量蒸馏水或离子水洗去残存在自来水中的 Ca^{2+}，Mg^{2+}，Cl^- 等离子，反复此操作三次左右。若仪器较脏，可将洗液充满整个仪器，浸泡一段时间，或用热洗液洗，去污能力更强。

3) 洗液可重复使用，直至洗液变绿色(重铬酸根被还原成 Cr^{3+})，才会失效报废。

4) 洗液变稀时，将会有重铬酸钾析出，氧化能力将有所降低，但仍可使用。也可将其蒸浓后再用。

洗液具有很强的腐蚀性，会灼伤皮肤和破坏衣物。如不慎把洗液洒在衣物上，应立即用水冲洗；若洒在桌上，应立即用抹布揩去，然后抹布用水洗净。

5) Cr(Ⅵ)有毒，清洗残留在仪器上的洗液时，前两遍水不要倒入下水道，而应倒入废液缸中统一处理，以免污染环境。

(5)氢氧化钠-高锰酸钾洗涤液。此类洗液适宜用于洗油腻及有机物较多的仪器。此液的配制方法：称取 4g 高锰酸钾溶于少量水中，缓慢地加入 100 mL 10% NaOH 溶液即成。此类洗液腐蚀玻璃，不宜用于清洗定量精密仪器，且洗后会有二氧化锰沉淀，可用浓盐酸或亚硫酸钠溶液洗去。

以上介绍了几种洗涤方法，可根据不同的要求进行选择。洗净的仪器，应不挂水珠，将仪器倒置时，水会顺着器壁流下，器壁上只留下一层既薄又均匀的水膜。注意，若手上有汗或油脂，拿洗净的仪器时应捏上口边缘，否则仪器外壁易挂水珠。外壁水珠用手或滤纸可抹去或移位，但内壁水珠不可抹去或移位。

2. 仪器的干燥

仪器的干燥一般有以下几种方法：

(1)晾干。不急等使用的、要求一般干燥的仪器洗净后倒置于干净的实验柜内或仪器架上让其自然干燥。

(2)吹干。用吹风机或气流烘干器(见图 1-1)将洗净的仪器吹干。有时为了加快吹干速度，先用少量酒精或丙酮与仪器内的水互溶，倒出，然后用冷风吹干。

(3)烘干。将洗净的仪器倒置或平放于搪瓷盘中，放入烘箱(见图 1-2)中烘干。使用时注意以下几点：

图 1-1　气流烘干器

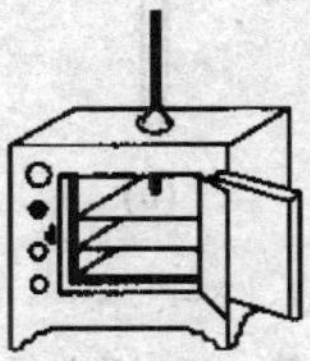

图 1-2　烘箱

1) 烘箱内温度一般控制在 110～120℃，烘干一小时。

2) 带有刻度的计量仪器不能用加热的方法进行干燥。

3) 烘干前要倒去积存的水。

4) 对厚壁的仪器和实心玻璃塞烘干时升温要慢。

5) 带有玻璃塞的仪器要拔出塞一同干燥，但木塞和橡胶塞不能放入烘箱，应在干燥器中干燥。

(4)烤干。将洗净的蒸发皿或烧杯之类大口器皿(耐热玻璃制作的)在石棉网上用小火加热烤干。试管可直接用小火来回移动烤干，使其受热均匀，但管口要比底略低呈倾斜状，防止回流水珠流入加热区而使试管破裂。

1.2.2　基本度量仪器及其使用方法

此处着重介绍液体体积的度量仪器。

(1)量杯和量筒。量杯和量筒都是精度要求不太高的量取液体体积的度量仪器。一般容量有 5 mL，10 mL，25 mL，50 mL，100 mL，250 mL，500 mL，1 000 mL 等，可根据需要选用，切勿用大容量的量杯和量筒量取小体积，这样会使精度下降。

量取液体时，应让量筒放平稳，且停留 15 s 以上待液面平静后，使视线与量筒(杯)内液体的弯月面最低处保持水平，偏高或偏低都会因读数不准而造成较大的误差。一般来讲，量筒比量杯精度高一些。

(2)移液管和吸量管。移液管和吸量管(见图 1-3)都是准确量取一定体积液体精密度量仪器。移液管是定容量的大肚管，只有一条刻度线，无分度刻度线，所以到了刻度线即为定温下的规定体积，一般容量有 1 mL，2 mL，5 mL，10 mL，20 mL，25 mL，50 mL，100 mL 等规格。吸量管是一种直线型的带分度刻度的移液管，管上标量为最大容量。一般有 0.1 mL，0.2 mL，0.5 mL，1 mL，2 mL，5 mL，10 mL 等规格。移液管和吸量管的使用方法见图 1-4。

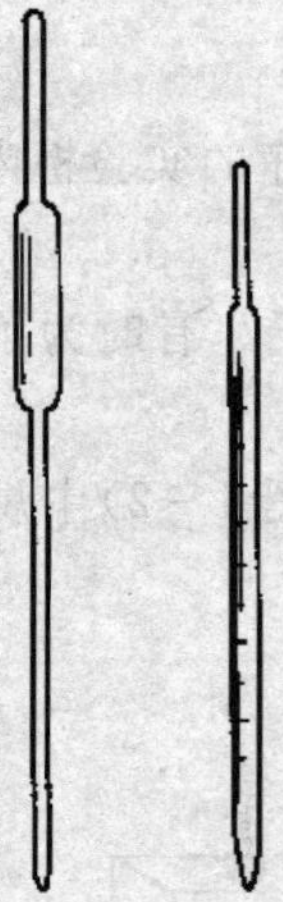

(a) (b)

图 1-3

(a) 移液管；(b) 吸量管

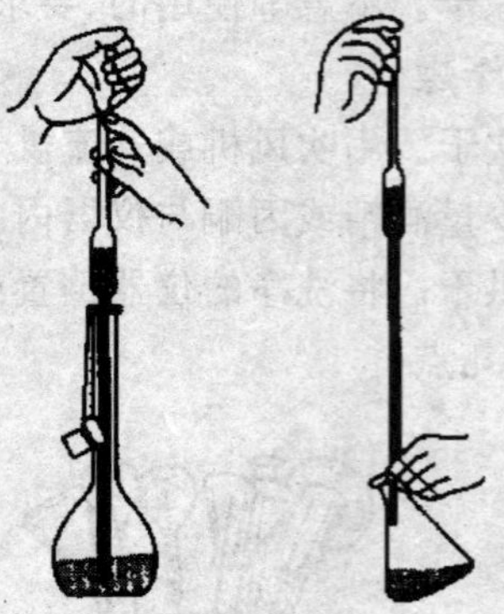

(a) (b)

图 1-4 移液管的操作

(a) 吸取溶液；(b)排放溶液

右手拇指和中指捏住移液管上端，将其下端伸入液面下约 1cm 处，左手用洗耳球(先排出其中空气)将液体吸入移液管至刻度线以上 3～4 cm，立即用右手食指按住管口，然后以拇指和中指转动管身，使管中液面平稳下降，直至液面弯月面最低处与刻度线水平相切时，立即按紧食指，取出移液管至容器中。将移液管尖端紧靠盛器内壁，使盛器稍倾斜而移液管保持直立，放开食指使液体自然流下，待液体流完后，停留 15s 再移开移液管。注意若移液管上标有"吹"或"快"字样，则应将留在管端的液体吹入盛器。

移取少量或非整数体积液体时，可用标有分刻度的吸量管。使用方法与单刻度移液管相同。移液管和吸量管在使用前应依次用洗液、自来水、蒸馏水洗至内壁不挂水珠，再用少量被取溶液洗 2～3 次。如果实验要求更高的精度，还需要对移液管进行校正。

(3)容量瓶。容量瓶是一种为配制准确浓度溶液的液体度量仪器，它在一定温度时刻度线内容积为规定体积：一般容量为 10 mL，25 mL，50 mL，100 mL，200 mL，250 mL，500 mL，1 000 mL，2 000 mL 等规格。

容量瓶分磨口塞和塑料塞两种，使用方法如下：

1) 检查瓶塞是否漏水。在瓶中加部分水，塞紧塞子，左手拿瓶，右手顶住塞子，将瓶倒立，观察瓶塞是否有漏水或渗水现象。若不漏也不渗，则将瓶塞旋转 180°再塞紧，重复上述操作，如不漏也不渗，则此瓶可用。

2) 用硫酸-重铬酸钾洗液、自来水、蒸馏水将容量瓶及塞子洗净。

3）配溶液操作。将称量好的固体放在烧杯中，倒入部分水溶解，溶完后，转移到容量瓶中，再用少量蒸馏水洗涤烧杯 3～5 次，洗涤液合并到容量瓶中，加蒸馏水至 3/4 左右，先摇匀一下，再加水至刻度，塞紧塞子，用一手的食指顶住瓶塞，另一手握住瓶底(小容量瓶只要一只手即可)，将瓶横放摇动，倒转摇动数次，使瓶内溶液混合均匀(见图 1－5)。

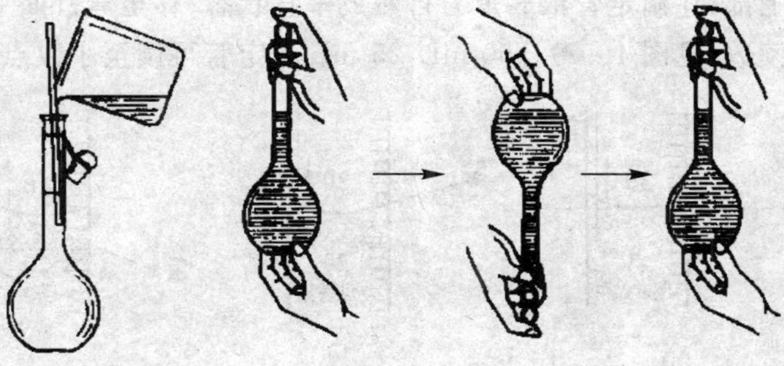

图 1－5　容量瓶操作

(4)滴定管。滴定管分酸式和碱式两种，除了碱溶液放在碱式滴定管中进行外，其他溶液都在酸式滴定管中进行。

酸式滴定管下端为一玻璃活塞，它的使用方法如下：

1）涂凡士林操作(见图 1－6)。将活塞取下，用滤纸揩干，然后揩干活塞槽；在活塞的两头涂上一层很薄的凡士林，在活塞上小孔两侧的垂直方向用手指各拉上两道很薄的凡士林(切勿涂多，否则会堵塞小孔)，将活塞紧塞在活塞槽中，转动活塞，使活塞与塞槽接触处呈透明状态且活塞转动灵活为止。若接触处有不透明的拉丝，需要重新进行涂油。套上橡皮圈，保护活塞不滑出塞槽。

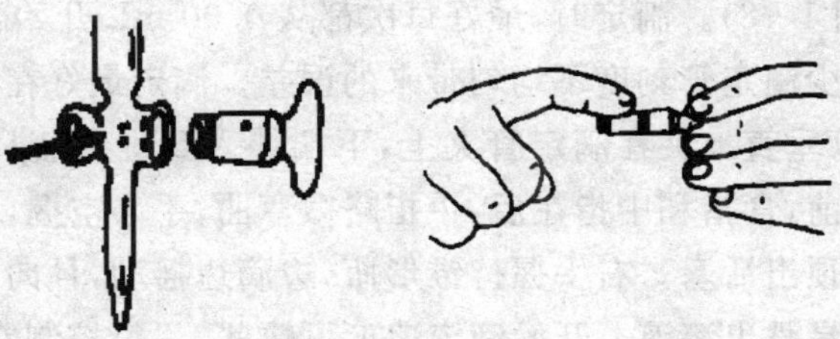

图 1－6　滴定管活塞涂凡士林的操作

2）检查是否漏水。往滴定管中加水至零刻度附近，垂直架在滴定台上，观察滴定管口是否滴水，活塞与塞槽间隙处是否漏水。若不漏，则将活塞旋转 180°后再行检查。若不漏水即可进行下步操作，若漏水需重新涂凡士林后再检查。

3）洗涤方法。倒入硫酸-重铬酸钾洗液约 1/4 容积，慢慢倾斜旋转滴定管，使管壁全部沾上洗液，然后打开活塞让洗液充满下端，再关闭活塞，将洗液从管口倒回储存瓶，打开活塞，让洗液全部倒回储存瓶中。用自来水洗去残存洗液，用蒸馏水洗 3～4 次，洗去 Ca^{2+}，Mg^{2+}，Cl^{-} 等离子，最后用滴定液洗 3 次，即可装滴定液。

4）装溶液及赶气泡。将溶液加到零刻度以上，将活塞开到最大，放出一些溶液，依靠重力使溶液充满活塞下端，赶去气泡，关上活塞。检查下端是否还是有气泡，若还有气泡，可重新打开活塞,将滴定管由上向下加一下加速度,即可赶去气泡,关上活塞。

5）读数操作。滴定管是一种精密的液体度量仪器,因此,读数是一个非常重要的操作。滴定管应垂直架于滴定台上,读数时,视线应与液体弯月面下部实线的最低点保持在同一水平面上,偏高或偏低都会带来误差。若滴定台太高,可将滴定管取下,用左(或右)手的拇指和食指轻轻握住滴定管上部,让滴定管依靠重力自然成垂直状态,移至弯月面下部实线最低点与视线在同一水平面上读数(见图 1-7)。50 mL,25 mL 滴定管可读至小数点后两位。

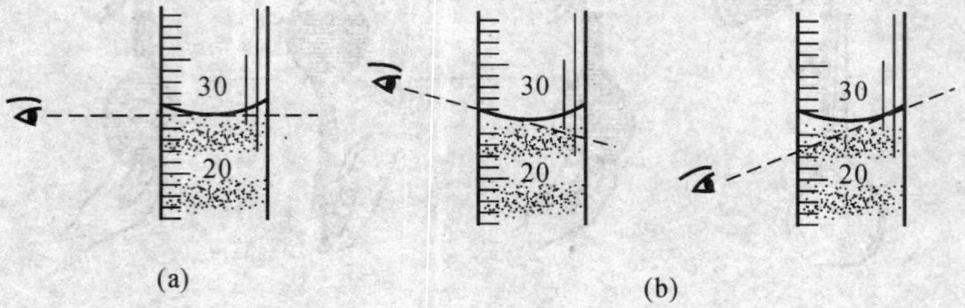

图 1-7　滴定管读数方法

(a) 正确；(b) 错误

为了便于读数,可制作“读数卡”。在一张白卡中贴一张 3 cm×1.5 cm 的黑纸(或用黑墨水涂)即成读数卡。读数时,手持读数卡放在滴定管背后,使黑色部分在弯月面下 1 mm 左右,则弯月面反射成黑色,读此弯月面的最低点。像高锰酸钾这样的深色溶液,则读取液面的最高点。

目前还有一种蓝线滴定管,即滴定管内有一整条白色不透明玻璃,中间有一条蓝线,则液体有两个弯月面相交于滴定管蓝线的某一点。读数时,视线应与此点处于同一水平面上。如为有色溶液,应使视线与液面两侧的最高点相切。

6）滴定操作(见图 1-8)。滴定时,最好每次都从 0.00 mL 开始,或接近于 0.00 mL 的某一刻度开始,这样可减少滴定管刻度不均匀带来的误差。滴定最好在锥形瓶中进行,必要时可在烧杯内进行。滴定管垂直地夹在滴定管夹上,下端伸入到锥形瓶口约 1cm 左右,左手控制滴定管活塞,大拇指在前,食指和中指在后,手指略微弯曲,手心空握,轻轻向内扣住启开活塞,以免活塞松动,甚至于顶出活塞。右手握持锥形瓶,边滴边摇动,且向一方向作圆周旋转,不能前后或上下振动,这样易溅出溶液。开始滴定速度可快些,一般控制在每分钟 10 mL 左右,每秒约 3～4 滴,即一滴接着一滴,或成滴不成线。临近滴定终点时,应一滴或半滴地加入,即加入一滴或半滴后用洗瓶吹入少量水洗锥形瓶壁,摇匀,再加入一滴或半滴,摇匀,直至指示剂变色而不再变化为止,即可认为终点到达。

碱式滴定管与酸式滴定管略有不同,其使用方法如下:

1）洗涤方法。由于橡皮会被氧化剂腐蚀,所以用洗液洗时,将滴定管上口倒置于盛有洗液的烧杯中,将尖嘴口接在抽水泵上。打开抽水泵,轻捏玻璃球,待洗液徐徐上升到接近橡皮管处放开玻璃球,待洗液浸泡一段时间后,脱离抽水泵,拔去橡皮管,让洗液流尽,然后用自来水冲洗,再用蒸馏水洗数次,装上橡皮管和洗净的玻璃球及尖嘴玻璃管,再用滴定液洗 3 次。

2）装液和赶气泡(见图 1-9)。装入滴定液至零刻度以上,将橡皮管向上弯曲,轻轻捏玻璃球,使液体慢慢上升到连通器而赶走气泡,充满橡皮管和尖嘴玻璃管。

3）捏滴定管的姿势。左手拇指在前,食指在后,捏橡皮管中部玻璃球所在部位稍上一些的地方，向右捏挤橡皮管，使橡皮管与玻璃球之间形成一条缝隙，溶液即可流出。但注意不能捏挤玻璃球下方的橡皮管，否则空气进入，易形成气泡。

图 1-8　滴定操作

图 1-9　赶气泡操作

1.2.3　试剂及其取用

1. 试剂的级别

化学试剂一般是按杂质含量的多少而分成四个级别：

实验试剂：缩写为 LR，又称四级试剂。

化学纯试剂：缩写为 CP，又称三级试剂，一般瓶上用深蓝色标签。

分析纯试剂：缩写为 AR，又称二级试剂，一般瓶上用红色标签。

保证试剂：缩写为 GR，又称一级试剂，一般瓶上用绿色标签（又称优级纯）。

除了上述四个级别外，目前市场上尚有以下几种：

基准试剂：专门作为基准物用，可直接配制标准溶液。

光谱纯试剂：缩写为 SP，表示光谱纯净。但由于有机物在光谱上显示不出，所以有时主成分达不到 99.9%以上，使用时必须注意，特别是作基准物时，必须进行标定。

由于化学试剂级别之差，在价格上相差极大。因此，使用时，必须根据实验要求，选用合适的级别，以免浪费。

2. 试剂的取用方法

(1)固体试剂的取用方法。固体试剂一般用牛角匙或塑料匙取用。取用试剂时，牛角匙或塑料匙必须洗净擦干才能用，以免沾污试剂。并且每种试剂设置一个专用牛角匙或塑料匙。

取用试剂时，一般是用多少取多少，取好后立即把瓶盖盖严，需要蜡封的，必须立即重新蜡封，随手将试剂瓶放回原处，以免搞错位置被人误用或因查找而造成时间浪费。

若要求称取一定量的固体试剂时，可先在台秤盘上放纸或表面皿，使台秤平衡，然后将固体试剂放在纸上或表面皿上称量。易潮解或有腐蚀性的物质可改用烧杯或锥形瓶来称量。

若要求准确称取一定重量的固体试剂作基准物或配制溶液，一般采用减量法或固定重量法在分析天平上称量。

(2)液体试剂取用法。取用液体试剂一般采用的方法有如下两种。

1) 用倾注法取液体操作。打开试剂瓶盖，反放于桌上，以免瓶塞沾污造成试剂级别下降。用右手手掌对着标签握住试剂瓶，左手拿住容器，缓慢地竖起试剂瓶，使液体试剂成细流流入容器内（见图 1-10）。易挥发嗅味的液体试剂（如浓 HCl），应在通风橱内进行。易燃烧、易挥发的物质(如乙醚等)应在周围无火种的地方移取。

若是进行实验的器皿,一般液体试剂的加入量不得超过容器的 2/3 容积。试管实验,最好不要超过 1/2 容积。

2) 少量试剂的取用法。首先用倾注法将试剂转入滴瓶中,然后以滴管滴加,一般滴管每滴约 0.05 mL 左右。若要精确数,可先将滴管每滴体积加以校正,用滴管滴 20 滴于 50 mL 干量筒中,读出体积,算出每滴体积数。用滴管加入液体试剂时,滴管垂直滴加,且滴管不能与器壁相碰(见图 1-11),以免滴管沾污。

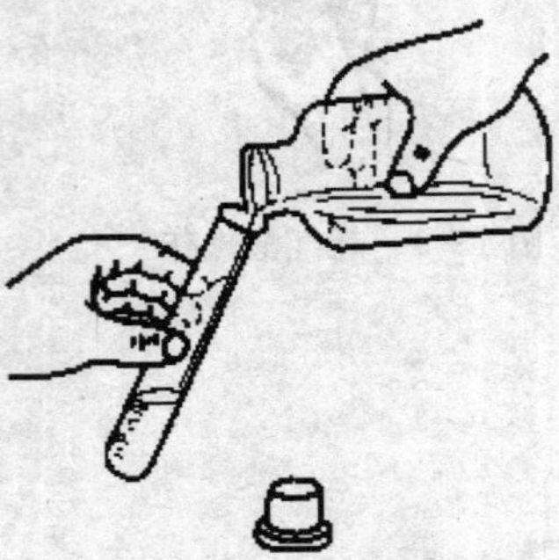

图 1-10　倾注法

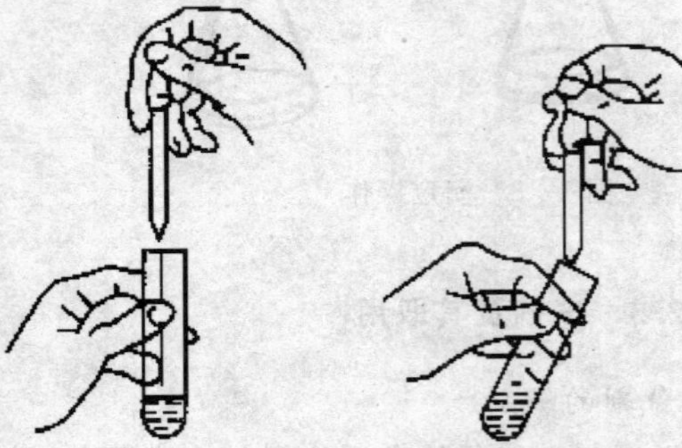

图 1-11　滴加试剂

(a) 正确 ; (b)错误

1.2.4　灯的使用与加热方法

1. 煤气灯

煤气灯是化学实验中最常用的加热器具之一,加热快、温度高(可达 1 000℃左右),使用方便。煤气由导管输送到实验台上,用橡皮管将煤气开关和煤气灯相连。煤气灯的构造见图 1-12,灯管下部有几个圆孔,为空气入口,旋转灯管可完全关闭或不同程度地开启圆孔,用以调节空气流入量。灯座的侧面有煤气入口,另一侧面有螺旋形针阀,用来调节煤气的进入量。点燃煤气灯后,如进入空气不足,燃烧不完全,由于析出的碳粒被灼热,生成光亮的黄色火焰,温度不高。逐渐加大空气的流量,使煤气燃烧完全,产生下发光亮的无色火焰,温度高。煤气灯的正常火焰分为三层(见图 1-13)。

内层(焰芯)——煤气与空气的混合气并未完全燃烧,温度较低;中层(还原焰)——煤气不完全燃烧,分解为含碳的产物,这部分火焰只具有还原性,所以称为“还原焰”;外层(氧化焰)——煤气完全燃烧,火焰呈淡紫色,过量的空气使这部分火焰具有氧化性,称“氧化焰”,是三层中温度最高点(见图 1-13),约 1 070～1 170 K,实验时一般用氧化焰来加热。

2. 酒精灯

酒精灯是实验室常用的加热仪器(见图 1-14(a)),以工业酒精为燃料,最高温度可达 800°C。灯身、灯帽由玻璃制成,灯芯管由瓷制成。市售产品现多改用塑料灯帽。其规格以酒精容量(mL)表示,常用的有 100 mL,150 mL。

酒精易燃,使用时应注意以下几点:

(1)往灯中添加酒精要使用漏斗(见图 1-14(b)),注入酒精量以不超过灯身容积的 4/5 为好。在灯燃着时不可往灯里添加酒精(见图 1-14(c)),这样做极易引起火灾,因为周围弥散着酒精蒸气极易被点燃。

(2)酒精灯只能用燃着的火柴或细木条去点燃,绝不允许用另一只酒精灯去“对火”(见图 1-14(d)),因为侧倾的酒精灯会溢出酒精而引起大面积着火。

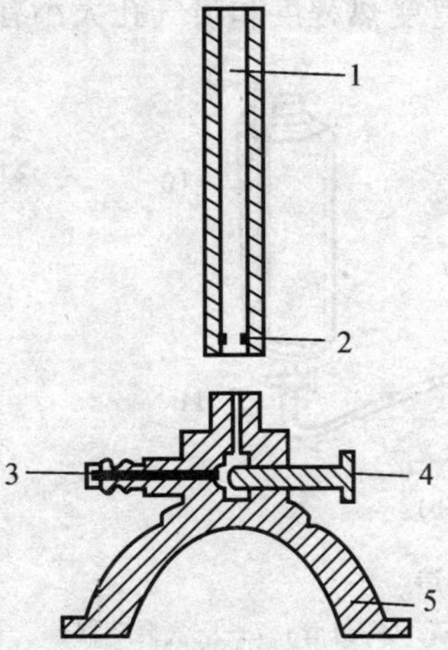

图 1-12　煤气灯的构造

1—灯管；2—空气入口；3—煤气入口；4—螺旋阀；5—灯座

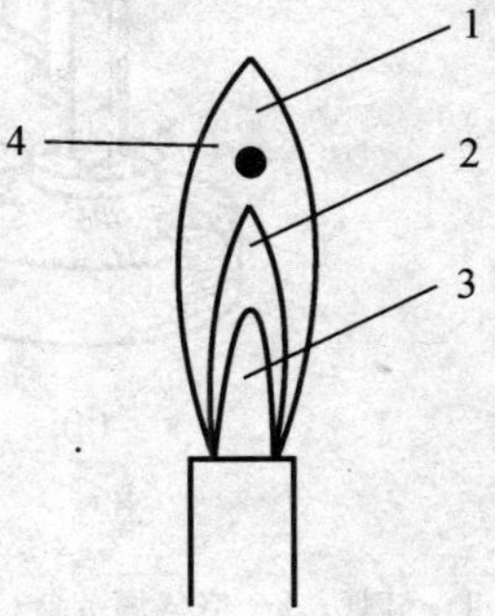

图 1-13　火焰的构成

1—氧化焰；2—还原焰；3—焰芯；4—最高温度点

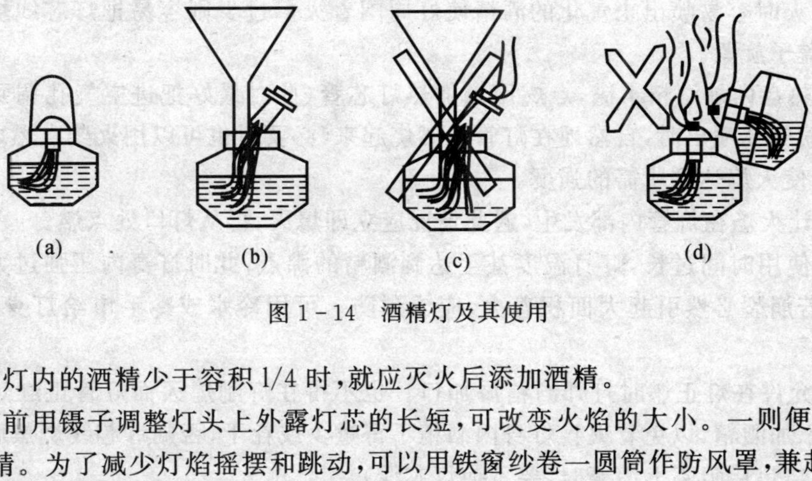

图 1-14　酒精灯及其使用

(3)酒精灯内的酒精少于容积 1/4 时,就应灭火后添加酒精。

(4)燃灯前用镊子调整灯头上外露灯芯的长短,可改变火焰的大小。一则便于操作,二则可以节约酒精。为了减少灯焰摇摆和跳动,可以用铁窗纱卷一圆筒作防风罩,兼起拔火筒的作用。它能使火力集中并稍微提高灯焰的热度。

(5)熄灭酒精灯时只允许用灯帽盖灭(与空气隔绝),绝不允许用嘴去吹!用嘴吹不仅不易吹灭。还很可能将火焰缩入灯内,引起灯内酒精着火或爆炸!

灯帽如系磨口的,则将灯焰熄后,尚须将灯帽再提起一次,放走热酒精蒸气同时进入一部分冷空气,再盖好盖子,以保持灯帽内外压强一致,下次再打开灯帽时就比较容易了。如果是塑料灯帽则完全不必。

3. 酒精喷灯

酒精喷灯是用酒精蒸气燃饶的加热仪器,一般火焰温度达 800～1 200℃,适用于灼烧和玻璃加工。常用的有座式(见图 1-15(a))和挂式(见图 1-15(b))。

(1)座式喷灯。其基本原理是当使预热盘内酒精燃烧时，加热了灯芯所吸上的酒精，酒精气化后只能从喷口排出，并且有一定的压强，造成气流周围局部压强减小，因而从空气调节孔吸入了空气。混有空气的酒精蒸气在灯管口处燃烧。喷灯火焰温度的高低在一定范围内与通入的空气量有关。而酒精蒸气的喷出量与压强大小与灯芯管受热程度和喷气孔大小有关。

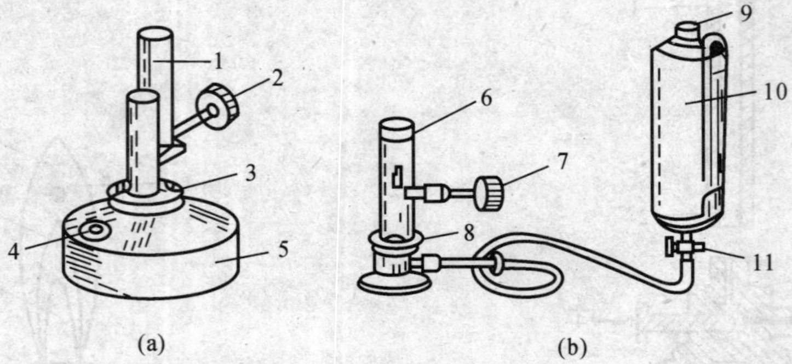

图 1－15　酒精喷灯的类型和构造

1—灯管；2—空气调节器；3—预热盘；4—铜帽；5—酒精壶；6—灯管；7—空气调节器；8—预热盘；9—盖子；10—酒精储罐；11—开关

座式喷灯的使用方法和注意事项如下：

1）打开酒精加人口，借漏斗往灯身中加入酒精，注入量在灯身容积的 1/4～3/4 之间为宜，过多则点火时容易喷出未气化的酒精使灯周围着火。过少则容易把灯芯线烧焦。灌好酒精后必须将盖子旋紧。

2）往预热盘内加酒精半满，点燃用以加热灯芯管（此时最好把进空气孔调到最小），待酒精气化并从喷气孔喷出时，自然地在灯管口燃烧起来（必要时也可以用火柴点燃之），然后再调节进空气量，使火焰达到所需的强度。

3）不能让火焰在灯管内部发生，遇此情况应立即熄灭，再从灯口处点燃。

4）喷灯使用时间过长，灯身温度甚至达到酒精的沸点，此时灯身内压强过大喷灯有崩裂的可能。假若崩裂必然引起大面积着火，应予预防。可用冷水或冷毛巾给灯身降温，或暂停使用。

5）绝不允许在灯正燃时打开酒精添加口！也不得在灯刚熄灭而灯管正红热时往预热盘上或灯身内添加酒精，以免着火！灯身内酒精不得过少或耗干，否则灯芯线烧焦后喷灯就不好用了（灯芯线烧焦后吸不上酒精时，要重换灯芯线）。

6）喷灯喷口有时被堵塞，可用探针小心扎通畅。座式喷灯用废木板平压灯口即熄灭。

(2)挂式喷灯。其基本原理与座式喷灯一样。只是酒精储存在高位吊筒中，靠重力流下，经导管进人灯芯管。酒精流量靠灯上截门控制。灯芯是充满管径的一束细铁丝，喷气孔在灯芯管顶端，喷孔周围是进空气孔，与上边的灯管相连。在使用时，先预热灯芯管，然后微微旋开灯上的酒精控制截门。酒精通过灯芯的热铁丝束而气化，并从喷气孔喷出（如预热不够，将喷出酒精液体致使周围着火），在灯管上口点燃，然后调节进空气孔达到所需火焰。挂式喷灯的优点在于火焰大小可调。熄灯时只需关闭灯上控制截门即可。喷灯在不用时吊桶下的截门应关闭。

1.2.5 溶液与沉淀的分离和提纯

溶液与沉淀的分离方法有三种：倾析法、过滤法和离心分离法。

1. 倾析法

当沉淀的密度较大或结晶的颗粒较大，静止后能很快沉降至容器的底部时，常用倾析法(见图1-16)进行分离和洗涤。

这样，将沉淀上部的溶液倾入另一容器中而使沉淀与溶液分离。如需洗涤沉淀时，只需向盛沉淀的容器内加入少量洗涤液，将沉淀和洗涤液充分搅动均匀。待沉淀沉降到容器的底部后，再用倾析法，倾去溶液。如此反复操作两三遍，即能将沉淀洗净。

图1-16 倾析法

2. 过滤

过滤是最常用的分离方法之一。过滤时，沉淀留在过滤器上，溶液通过过滤器而进入容器中，所得溶液称做滤液。

常用的过滤方法有常压过滤、减压过滤和热过滤三种。

(1)常压过滤。先把一圆形或方形滤纸对折两次成扇形(方形滤纸需剪成扇形)，展开后呈圆锥形(见图1-17)，恰能与60°角的漏斗相密合。如果漏斗的角度大于或小于60°，应适当改变滤纸折成的角度使之与漏斗相密合。然后在三层滤纸的那边将外两层撕去一小角，用食指把滤纸按在漏斗内壁上，用少量蒸馏水润湿滤纸，再用玻璃棒轻压滤纸四周，赶去滤纸与漏斗壁间的气泡，使滤纸紧贴在漏斗壁上。滤纸边缘应略低于漏斗边缘。

过滤时应注意以下几点：漏斗要放正在漏斗架上。要调整漏斗架的高度，使漏斗管末端紧靠接受器内壁。先倾倒溶液，后转移沉淀，转移时应使用搅棒。倾倒溶液时，应使搅棒接触三层滤纸处，漏斗中的液面高度应略低于滤纸边缘。为加快过滤速度，漏斗颈部应全部被水充满。若未形成完整水柱。可用手指堵住漏斗下口，稍掀起滤纸的一边用洗瓶向纸和漏斗空隙处加水，使漏斗和锥体被水充满，轻压滤纸边，放开堵住口的手指，即可形成水柱。

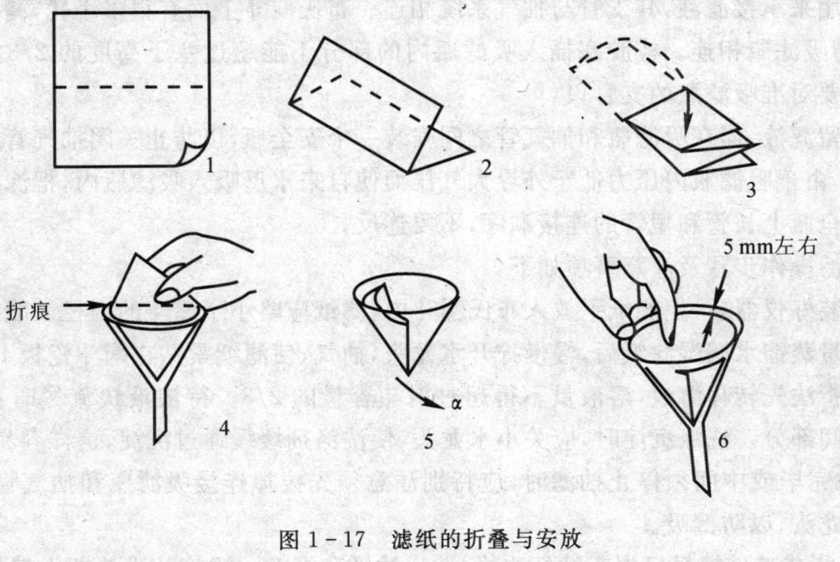

图1-17 滤纸的折叠与安放

(2)减压过滤(抽滤)。为了获得比较干燥的结晶和沉淀常用减压过滤法,其特点是过滤速度快,但不宜用于过滤胶状或颗粒很细的沉淀,因为此类沉淀可能透过滤纸或造成滤纸堵塞,使溶液不易透过。

减压过滤的装置由水泵(或真空泵)、安全瓶、吸滤瓶和布氏漏斗组成(见图 1-19)。连接仪器时注意布氏漏斗的斜口应对准吸滤瓶的支管,另外安全瓶的长玻璃管用来接水泵,短管用于接吸滤瓶。

图 1-18　过滤操作

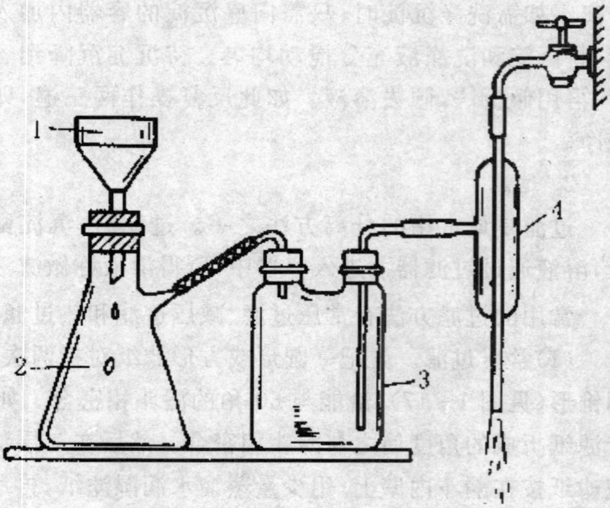

图 1-19　减压过滤装置

1—布氏漏斗;2—吸滤瓶;3—安全瓶;4—玻璃抽气管

抽气管管内有一尖嘴管,当水从尖嘴管流出时,由于截面积变小,流速增大,压强减小,遂将周围空气带走,使得与之相连的吸滤瓶内形成负压,形成瓶内与布氏漏斗液面上的压力差,因而加快了过滤速度。

吸滤瓶用来承接滤液,其支管与抽气系统相连。布氏漏斗上面有很多小孔,漏斗颈插入单孔橡胶塞,与吸滤瓶相连。橡胶塞插入吸滤瓶内的部分不能超过塞子高度的 2/3。漏斗颈部下端的斜口要对准吸滤瓶的支管口。

如要保留滤液,需在吸滤瓶和抽气管之间安装一个安全瓶,以防止关闭抽气管或水的流量突然变小时,由于吸滤瓶内压力低于外界大气压而使自来水反吸入吸滤瓶内,把滤液弄脏。安装时注意安全瓶上长管和短管的连接顺序,不要连反。

减压过滤操作步骤及注意事项如下:

1)按图装好仪器后,把滤纸平放入布氏漏斗内,滤纸应略小于漏斗的内径又能把全部瓷孔盖没。用少量蒸馏水润湿滤纸后,慢慢拧开水龙头,抽气,使滤纸紧贴在漏斗瓷板上。

2)用倾析法先转移溶液,溶液量不得超过漏斗容量的 2/3。待溶液快流尽时再转移沉淀至滤纸的中间部分。洗涤沉淀时,应关小水龙头,使洗涤剂缓缓通过沉淀,这样容易洗净。

3) 抽滤完毕或中间须停止抽滤时,应特别注意须先拔掉连接吸滤瓶和抽气管的橡胶管,然后关闭水龙头,以防倒吸。

4) 用手指或玻璃棒轻轻揭起滤纸边缘,取出滤纸和沉淀。滤液从吸滤瓶上口倒出。瓶的支管口只作连接调压装置用，不可从中倒出溶液。

5）浓的强酸、强碱或强氧化性的溶液，过滤时不能使用滤纸，因为它们会与滤纸发生化学反应而破坏滤纸，这时可用相应的滤布来代替滤纸。另外，浓的强酸溶液也可使用烧结漏斗（也叫砂芯漏斗）过滤，但烧结漏斗不适用于强碱性溶液的过滤，因为强碱会腐蚀玻璃。

（3）热过滤。如果溶液中的溶质在温度下降时容易析出大量结晶，而又不希望结晶在过滤过程中留在滤纸上，就要趁热进行过滤。过滤时可把玻璃漏斗放在铜质的热漏斗内，热漏斗内装有热水，以维持溶液的温度。

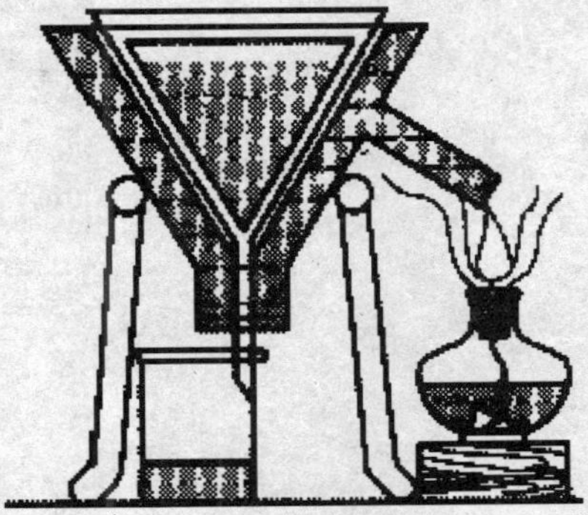

图 1-20　热过滤

也可以在过滤前把普通漏斗放在水浴上用蒸气加热。此法较简单易行。另外，热过滤时选用的漏斗颈部愈短愈好，以免过滤时溶液在漏斗颈内停留过久，因降温析出晶体而发生堵塞。

3. 离心分离法

被分离沉淀的量很少时，可以应用离心分离法分离沉淀。实验室常用的离心仪器为电动离心机。将盛有沉淀和溶液的离心试管放在离心机管套中，开动离心机，沉淀受到离心力的作用迅速聚集在离心试管的尖端而和溶液分开，用滴管将溶液吸出。如需洗涤，可往沉淀中加入少量的洗涤剂，充分搅拌后再离心分离，重复操作两三遍即可。

使用离心机时要注意：① 为使离心机在旋转时保持平衡，离心试管要放在对称位置上。如果只处理一支离心试管，则在对称位置也要放一支装有等量水的离心试管。② 开动离心机应从慢速开始，运转平稳后再转到快速。如运转时发出反常响声或振动太厉害时应停止使用。③ 关机后任其自然停止转动，不能用手强制停止转动，停止转动后才可以取出离心试管。④ 转速和旋转时间视沉淀性状而定。一般晶体沉淀以 1 000 $r \cdot min^{-1}$ 离心 1～2 min 即可；非晶体沉淀需以 2 000 $r \cdot min^{-1}$ 离心 3～4 min。

1.2.6　浓缩和结晶

为了使溶质从稀溶液中析出，常采用加热的方法浓缩溶液，然后冷却析出晶体。蒸发一般在蒸发皿中进行，因为它的表面积较大，有利于快速蒸发。

蒸发皿中所盛液体的量不得超过其容量的 2/3。若液体较多，蒸发皿一次盛不下，可随着水分的不断蒸发而逐渐添加。如果物质对热是稳定的，可以直接加热，否则用水浴间接加热。当物质的溶解度较大时，必须蒸发到溶液表面出现晶膜时才可停止加热。当物质的溶解度较小或高温溶解度较大而室温溶解度较小时，不必蒸发至液面出现晶膜就可以冷却。注意蒸发皿不可骤冷，以免炸裂。

析出晶体的颗粒大小与结晶条件有关，如果溶液的浓度较高，溶质在水中的溶解度随温度下降而显著减小时，冷却得越快，析出的晶体颗粒就越细小，反之，若溶液静置冷却，就得到较大颗粒的晶体。搅拌溶液有利于细小晶体的生成，静置溶液有利于大晶体的生成。若溶液易发生过饱和现象，可以用搅拌、摩擦器壁或投入几粒小晶体（晶种）等办法形成结晶中心，溶质便会结晶析出。

当第一次得到的晶体纯度不合要求时，可以重新加入尽可能少的蒸馏水溶解晶体，蒸发后再进行结晶、分离，这样第二次得到的晶体纯度就较高。这种操作过程称为重结晶。根据对物质纯度的要求，可进行多次重结晶。

第2章 普通化学实验中的数据表达与处理

2.1 实验及计算中的有效数字、平均偏差、样本偏差

2.1.1 有效数字

1. 有效数字的确定

测量数据的有效数字是由测量手段的不确定程度所决定的。测量中所记录的数据不仅表示数量的大小，而且反映了测量的不确定程度。所得数据的最后一位数字可能有上下一个单位的误差，被称为不确定数字。一个数据的有效数字包括数据中所有确定的数字和一位不确定的数字。实验数据中所有的数字应该都是有效的。所以，在测量中所记录的数据最多只能保留一位不确定的数字。例如，用普通分析天平称量时，由于分析天平性能的限制，称量数据只能读到小数点后第四位，称量的误差为±0.000 1 g。设称出的质量为12.123 8 g，此数的前五位数字都是确定的，最后一位数字则是不确定数字，因此共有六位有效数字。如果改用感量为±0.01 g的普通台秤，小数点后第二位数字已是不确定，因此只能读取到小数点后第二位。称得质量为12.12 g，则为四位有效数字。

数字"0"在数据中具有双重意义。它可能是有效数字，也可能不是有效数字。如果"0"作为普通数字使用，就是有效数字；如果"0"只是起到定位作用，就不是有效数字。例如，滴定管读数可读准至±0.01 mL，在读数20.05 mL和20.00 mL中，所有的"0"都是有效数字，这两个数据都具有四位有效数字，最后一位可能有±1的允许误差。如果将单位换算成L，则分别为0.02 005 L和0.020 000 L，前面的两个"0"不能算做有效数字，这两个数据依然是四位有效数字。又如10.6L为三位有效数字，当换算单位为mL时，应采用指数形式，写成1.06×10^4 mL，这样仍为三位有效数字；若写成10 600 mL，最后两个"0"就很难确定是不是有效数字。所以，在记录实验数据时，应该注意不要将数据末尾属于有效数字的"0"漏计，例如将10.10 mL写成10.1 mL，0.1 200 g写成0.12 g等。因为按照惯例，会将最后一位数字看成是不确定的数字，从而使数据不确定程度扩大，造成计算混乱。

2. 有效数字的运算规则

(1) 有效数字的修约。在运算过程中，应合理保留有效数字的位数，后面多余的数字应舍弃。通常采用"四舍六入五成双"的规则对数字进行修约。若有效数字后面的数小于5，就应舍去；若大于5就应进位；若等于5，则看保留下来的数字的末位数是奇数还是偶数，是奇数就入，是偶数则舍。例如，将下列数据修约为三位有效数字时，其结果为

6.146	6.15
6.144	6.14
6.135	6.14
6.145	6.14
6.1450	6.14

修约数字时，只允许对原数字一次修约到所需要的位数，不能分次修约。

(2) 加法和减法。在计算几个数字相加或相减时，所得和或差的有效数字位数，应以小数点后位数最少的数字为准，即以其绝对误差最大者为准。

例如：1.051 3＋31.22＋0.651＝？

在上三个数中，31.22 是小数点后位数最少者，其绝对误差最大，故应以 31.22 为准，其他两个数字也应保留到小数点后第二位，则上述三个数字之和为

$$1.05+31.22+0.65=32.92$$

(3) 乘法和除法。在乘除运算中，计算结果的相对不确定性应该与原数据中相对不确定性最大的那个相适应。即计算结果的有效数字位数应该与有效数字位数最少的那个数据相同。

例如：0.018 6×16.46×8.948 32＝？

选择有效位数最少的 0.018 6 为准，其他数字也取三位有效数字，则上述三个数字之积为

$$0.0186\times16.5\times8.95=2.75$$

2.1.2 实验数据的处理

为了衡量分析结果的精密度，对单次测定的一组结果 $x_1,x_2,\cdots,x_n$，除求出算术平均值 $\bar{x}$ 外，还应求出相对偏差、平均偏差、标准偏差、相对标准偏差等。

算术平均值 $$\bar{x}=\frac{x_1+x_2+\cdots+x_n}{n}=\frac{\sum x_i}{n}$$

相对偏差 $$d_r=\frac{x_i-\bar{x}}{\bar{x}}\times100\%$$

平均偏差 $$\bar{d}=\frac{|x_1-\bar{x}|+|x_2-\bar{x}|+\cdots+|x_n-\bar{x}|}{n}=\frac{\sum|x_i-\bar{x}|}{n}$$

标准偏差 $$s=\sqrt{\frac{\sum(x_i-\bar{x})^2}{n-1}}$$

相对平均偏差 $$\bar{d}_r=\frac{\bar{d}}{\bar{x}}\times100\%$$

相对标准偏差 $$\frac{s}{\bar{x}}\times100\%$$

2.2 化学实验中数据的作图法处理

用图解法表示实验数据，能直观地显示出所研究的变量的变化规律，如极大值、极小值、转折点、周期性和变化速率等重要特性，并可从图上简便地找出各变量中间值，还便于数据的分

析比较，确定经验方程式中的常数，有时还可利用图形求得用测量方法难以获得的量。

2.2.1 图解法的基本要点

(1) 在直角坐标系中绘制测量数据的图形时，应以横坐标为自变量，纵坐标为对应的函数。

(2) 坐标纸的大小与分度的选择应与测量数据的精度相适应。分度过粗时，影响原始数据的有效数字，绘图精度将低于实验中参数测量的精度；分度过细时会高于原始数据的精度。坐标分度值不一定自零起，可用低于实验数据的某一数值作起点和高于实验数据的某一数值作终点，曲线以基本占满全幅坐标纸为宜，直线应尽可能与坐标轴成 45°。横坐标与纵坐标的实际长度应基本相等。

(3) 坐标轴应注明分度值的有效数字和名称、单位，必要时还应标明实验条件，坐标的文字书写方向应与该坐标轴平行，在同一图上表示不同数据时应该用不同的符号加以区别。

(4) 实验点的标示可用各种形式。如点、圆、矩形、叉等，但其大小应与其误差相对应。

(5) 曲线平滑方法。由于每一个测点总存在误差，按带有误差的各数据所描的点不一定是真实值的正确位置。根据足够多的测量数据，完全有可能作出一条光滑曲线。决定曲线的走向应考虑曲线应尽可能通过或接近所有的点，顾及到所绘制的曲线与实测值之间的误差的平方和最小，此时曲线两边的点数接近于相等。

2.2.2 图解法的应用

(1) 求极值或转折点。函数的极大值、极小值和转折点，在图形上表现得很直观。因此，在实验数据处理中需要求极值或转折点时，常常采用图解法。例如，用电导法滴定聚己内酰胺的氨基和羧基的滴定曲线(见图 2-1)，从图中的转折点 A 可知 HCl 滴定氨基的终点，从极大位点 B 可得出过量 HCl 的量，从极小值点 C 可得出中和过量 HCl 所消耗的 KOH。

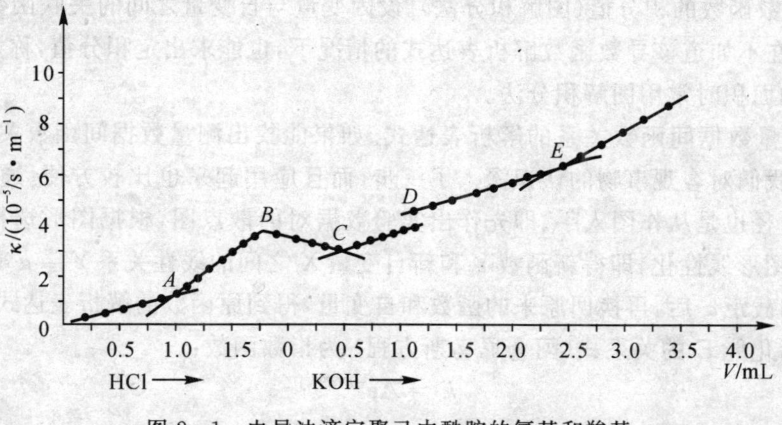

图 2-1 电导法滴定聚己内酰胺的氨基和羧基

(2)求外推值。当需要的数据不能或不易直接测定时，在适当的条件下，常可用作图外推的方法求得。所谓外推法，就是根据变量间的函数关系，将按实验数据描绘的图像延伸至测量范围以外，求出测量范围以外的函数值。但是必须指出，外推不可以任意进行，只有在下列条件得到满足时方可应用：① 在外推的那段范围及其邻近，被测量的变量间的函数关系是线性的或者可以认为是线性的；② 外推的那个区间离实际测量的那个区间不太远；③ 外推所得结果与已有的正确经验没有矛盾。

在测定化合物相对分子质量时，常常使用外推法。例如，在用热力学方法通过测定稀溶液依数性(蒸气压下降、沸点升高、冰点降低等)数据来求溶质的相对分子质量时，是依据稀溶液的沸点升高 ΔT_b、冰点下降 ΔT_f、渗透压 Π 与溶质相对分子质量 M、溶液浓度 c 等关系来进行的：

$$\lim_{c\to 0}\frac{\Delta T_b}{c}=K_b\frac{1}{M},\quad \lim_{c\to 0}\frac{\Delta T_f}{c}=K_f\frac{1}{M},\quad \lim_{c\to 0}\frac{\Pi}{c}=\frac{RT}{M}$$

式中，K_b，K_f 分别为溶剂的摩尔沸点升高、冰点下降常数。但是，因为无限稀释时的 $\frac{\Delta T_b}{c}$，$\frac{\Delta T_f}{c}$ 和 $\frac{\Pi}{c}$ 都不能直接测得，所以必须在不同浓度下测定 ΔT_b，ΔT_f 和 Π，将 $\frac{\Delta T_b}{c}$，$\frac{\Delta T_f}{c}$ 和 $\frac{\Pi}{c}$ 对 c 作图，然后用外推法得到无限稀释时的值来计算相对分子质量。

(3) 求函数的微商(图解微分法)。作图法不仅能表示出测量数据间的定量函数关系，而且可从图上求出各点的函数微商，而不必先求出函数关系的解析表达式，这就是所谓图解微分法。具体做法是在所得曲线上选定若干点，作出切线，计算出各点切线的斜率，即得各点的函数微商值。通常按式(2-1)计算切线的斜率：

$$\frac{\mathrm{d}y}{\mathrm{d}x}=\frac{y_2-y_1}{x_2-x_1} \tag{2-1}$$

式中，(x_1, y_1)，(x_2, y_2) 是切线上的两个点，这两点应尽量选得相距远一些。作切线主要凭经验，所以图解微分的精度一般是很差的。例如，在用沉降天平法测定碳酸钙粉末的粒子分布曲线时，通常先以平盘下降距离 h_i 为纵坐标，时间 t 为横坐标，作出沉降曲线，再在沉降曲线上过适当的点作切线交于纵轴，求得各个 Δh_i，同时求得各沉降速度 u_i 和粒子半径 r_i，并从沉降曲线上求得 h_∞，然后以 $\bar{r}$ 对 $\Delta h_i/h_\infty\Delta r_i$ 作图，画出粒子分布曲线。

(4) 求导数函数的积分值(图解积分法)。设因变量与自变量之间的关联函数为导数函数，则利用图形，在不如道该导数函数解析表达式的情况下，也能求出定积分值，称为图解积分。求曲线所包围的面积时常用图解积分法。

(5) 求测量数据间函数关系的解析表达式。如果能找出测量数据间函数关系的解析表达式，不仅表明我们对客观事物的认识深入了一步，而且应用起来也比较方便。通常寻找这种解析表达式的途径也是从作图入手。即先作出实验数据对的散点图，根据图形选择关联函数，作变量代换，使图形线性化，即得新函数 Y 和新自变量 X 之间的线性关系 $Y=a+bX$，求出此直线的斜率 b 和截距 a 后，再换回原来的函数和自变量，得到原函数的解析表达式。例如，反应速度常数 k 与活化能 E 的关系式(阿仑尼乌斯方程)为指数函数：

$$k=A\mathrm{e}^{-E/RT} \tag{2-2}$$

可通过两边均取对数使其线性化，作 $\ln k-\frac{1}{T}$ 图，由直线斜率和截距可分别求出活化能 E 和碰撞频率 A 的数值，代回到阿仑尼乌斯公式中，便可得到解析表达式。

2.3 计算机在化学实验数据处理中的应用

2.3.1 Microsoft Excel

Excel 2000 是目前最佳的电子表格系统之一，它使电子表格软件的功能、操作的简易性，都进入了一个新的境界。系统具有人工智能的特性，可以在某些方面判断用户下一步的操作，使操作大为简化。

Excel 2000 具有强大的数据计算与分析功能，可以把数据用各种统计图的形式形象地表示出来，取代了过去需要多个系统才能完成的工作，在工作中起到的作用越来越大。其主要有以下 7 个方面的功能：① 表格制作；② 强大的计算功能；③ 丰富的图表；④ 数据库管理；⑤ 分析与决策；⑥ 数据共享与 Internet；⑦ 开发工具 Visual Basic。

在化学数据处理中，常用 Excel 将实验数据制成表格，对实验数据进行处理及计算。

例如：$Ca_3(PO_4)_2$ 在 pH 分别为 7.0，8.0，9.0 时的溶解度是多少？已知该化合物的 $K_{sp}=1.0\times10^{-26}$。表 2－1 为计算工作表。

表 2－1　计算工作表

	A	B	C	D	E	F	G
1	k_3	k_2	k_1		K_1^H	K_2^H	K_3^H
2	4.4E－13	6.3E－08	7.6E－03		2.3E＋12	1.6E＋07	1.3E＋02
3	K_{sp}＝	1.0E－26					
4	pH	[H^+]	α_0				
5	7.0	1.0E－07	1.7E－06		溶解度 s＝	5.0E－04	
6	8.0	1.0E－08	3.8E－05			1.5E－04	
7	9.0	1.0E－09	4.3E－04			5.5E－05	

2.3.2 Matlab

Matlab 是当今国际上公认的在科技领域方面最为优秀的应用软件和开发环境。在欧美及我国部分高等院校。Matlab 有可靠的数值和符号计算能力、强大的图形和可视化功能、简单易学的程序语言、数量众多的应用工具包，大大降低了对使用者的数学基础和计算机语言知识的要求。Matlab 程序主要由主程序和各种工具包组成，其中主程序包含数百个内部核心函数，工具包则包括复杂系统仿真、信号处理工具包、系统识别工具包、优化工具包、神经网络工具包、控制系统工具包、符号数学工具包、图像工具包、统计工具包等，所以它的确是一个高效的科研助手。

例如，用邻二氮杂菲吸光光度法测定溶液中铁的含量，用空白溶液（铁离子浓度为 0）作参比，测得各浓度下吸光度见表 2－2。

表 2－2　Fe^{2+} 溶液浓度与吸光度关系表

Fe^{2+} 浓度 $c/(\mu g\cdot mL^{-1})$	0.4	0.6	0.8	1.0	1.2
吸光度 y	0.079	0.119	0.160	0.200	0.239

邻二氮杂菲与Fe^{2+}反应生成稳定的橙红色配合物，其吸光度(A) 随Fe^{2+}的浓度(c) 的变化关系符合比尔定律 $A=Kc$，A 与 c 成线性关系。利用 Matlab 语言编写程序，如下：

```
clc
clear
x=0.4:0.2:1.2;%生成样本点 x
y=[0.079 0.119 0.160 0.200 0.239]; %生成样本点 y
p=polyfit(x, y, 1); %拟合出多项式(1 阶)
y1=polyval(p, x);%求多项式的值
%加标注
title ('铁浓度标准曲线'), xlabel ('铁浓度(μg·mL^-1)'),ylabel('吸光度')
plot(x, y,'+', x, y1,'- r'); %绘制多项式曲线,以验证结果
grid on
```

运行程序后，显示结果如下：

p =0.20050000000000 − 0.00100000000000

拟合曲线为

A=0.2005c− 0.001

绘制Fe^{2+}溶液浓度与吸光度关系图(见图 2-2)。

2.2.3 Origin

Origin 是由美国一家公司开发的具有较强功能的实验数据处理软件，自从推出 Origin1.0 版本以来，目前已推出 Origin 6.1 版本。目前常见的基本上都是英文版本，此软件属于专用软件，对于化学化工类专业的实验数据处理十分有用。其主要有以下功能：

(1)将实验数据自动生成在二维坐标中的图形，有利于对实验趋势的判断。

(2)在同一幅图中可以画上多条实验曲线，有利于对不同的实验数据进行比较研究。

(3)不同的实验曲线可以选择不同的线型，并且可以将实验点用不同的符号表示。

(4)可对坐标轴名称进行命名，并可进行字体大小及型号的选择。

(5)可将实验数据进行各种不同的回归计算，自动打印出回归方程及各种偏差。

(6)可将生成的图形以多种形式保存，以便在其他文件中应用。

(7)可使用多个坐标轴，并可对坐标轴位置、大小进行自由选择。

总之，Origin 是一个功能十分齐全的软件，对绘制实验曲线非常有用。

以苯(A. R) 的饱和蒸气压的测定为例，采用静态法测定其饱和蒸气压。液体的饱和蒸气压与温度的关系可用克拉贝龙(Clapryro) 方程式来表示

$$\frac{dp}{dt}=\frac{-\Delta_{vap}H_m}{T\Delta V_m^g} \qquad (2-3)$$

设蒸气为理想气体，在实验温度范围内摩尔气化热 $\Delta_{vap}H_m$ 为常数，并略去液体的体积，可将式(2-3)积分得克-克(Clapeyron - Clausius) 方程

$$\lg p=\frac{-\Delta_{vap}H_m}{2.303RT}+C \qquad (2-4)$$

式中，p 为液体在温度 T(K) 时的蒸气压；C 为积分常数。

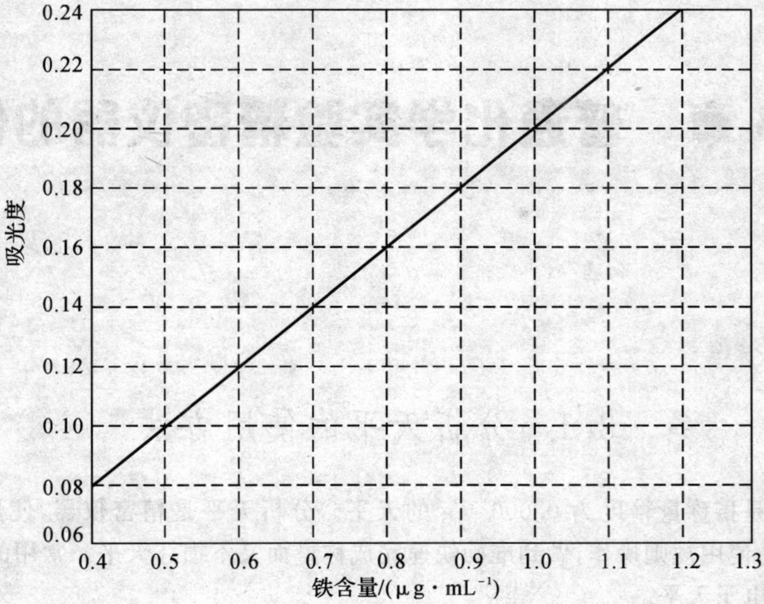

图 2－2　铁含量标准曲线

实验测得各温度下的饱和蒸气压后，以 $\ln p$ 对 $1/T$ 作图，得一直线，直线的斜率(m) 为

$$m=\frac{-\Delta_{\text{vap}}H_{\text{m}}}{R} \tag{2-5}$$

由此即可求得实验温度范围内液体的平均摩尔气化热 $\Delta_{\text{vap}}H_{\text{m}}$。

将实验数据(T,p) 输入 Origin 的工作表，经过几个步骤后绘制 $\ln p-1/T$ 曲线图见图2－3。

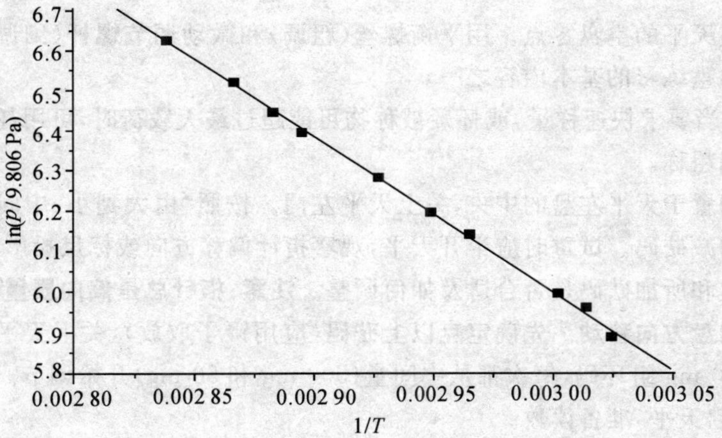

图 2－3　$\ln p-1/T$ 曲线图

从直线斜率算出苯的平均摩尔气化热为 32.04 kJ · mol^{-1}，由直线求得苯的正常沸点为 79.72 ℃，文献值为 80.955 ℃，相对误差为 0.004 6。

第3章　普通化学实验精密仪器的使用

3.1　分析天平的使用方法

分析天平是指称量精度为0.000 1 g的天平。分析天平是精密仪器，使用时要认真、仔细，按照天平的使用规则操作，做到准确快速完成称量而又不损坏天平。常用的分析天平有电光分析天平和电子天平。

3.1.1　电光分析天平

1. 电光分析天平的构造

电光分析天平也称半自动电光分析天平，其构造如图3-1所示。

2. 电光分析天平的使用方法

(1) 称量前的检查与准备。拿下防尘罩，叠平后放在天平箱上方。检查天平是否正常，天平是否水平，称盘是否洁净，环码指数盘是否在“000”位，环码有无脱位，吊耳有无脱落、移位等。

检查和调整天平的空盘零点。用平衡螺丝(粗调)和微动调节螺杆(细调)调节天平零点，这是分析天平称重练习的基本内容之一。

(2) 称量。当要求快速称量，或怀疑被称物可能超过最大载荷时，可用托盘天平(台称)粗称。一般不提倡粗称。

将待称量物置于天平左盘的中央，关上天平左门。按照“由大到小，中间截取，逐级试重”的原则在右盘加减砝码。试重时应半开天平，观察指针偏移方向或标尺投影移动方向，以判断左右两盘的轻重和所加砝码是否合适及如何调整。**注意：指针总是偏向质量轻的盘，标尺投影总是向质量重的盘方向移动**。先确定克以上砝码(应用镊子取放)，关上天平右门。再依次调整百毫克组和10 mg组环码，每次都从中间量(500 mg和50 mg)开始调节。确定10 mg组环码后，再完全开启天平，准备读数。

(3) 读数。砝码确定后，全开天平旋钮，待标尺停稳后即可读数。称量物的质量等于砝码总量加标尺读数(均以克计)。标尺读数在9～10 mg时，可再加10 mg环码，从屏上读取标尺负值，记录时将此读数从砝码总量中减去。

(4) 复原。称量数据记录完毕，即应关闭天平，取出被称量物质，用镊子将砝码放回砝码盒内，环码指数盘退回到“000”位，关闭两侧门，盖上防尘罩，并在天平使用登记本上登记。

(5) 使用天平的注意事项如下：

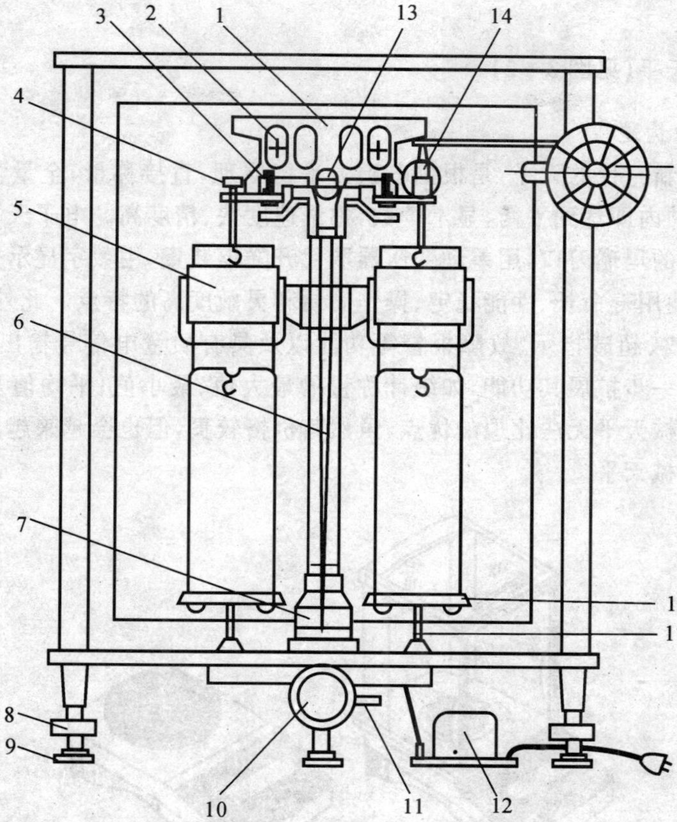

图 3-1　电光分析天平的构造

1—横梁；2—平衡调节螺丝；3—支柱；4—吊耳；5—空气阻尼器；6—指针；7—投影屏；8—螺旋足；9—垫脚；10—升降旋钮；11—微动调节螺杆；12—变压器；13—玛瑙刀口；14—环码；15—环码指数盘；16—称量盘；17—盘托

1）开、关天平旋钮，放、取被称量物，开、关天平侧门以及加、减砝码等，动作都要轻、缓，切不可用力过猛、过快，以免造成天平部件脱位或损坏。

2）调节零点和读取称量读数时，要留意天平侧门是否已关好；称量读数要立即记录在实验报告本或实验记录本上。调节零点和称量读数后，应随手关好天平。加、减砝码或放、取称量物必须在天平处于关闭状态下进行（单盘天平允许在半开状态下调整砝码）。砝码未调定时不可完全开启天平。

3）对于热的或冷的称量物应置于干燥器内直至其温度同天平室温度一致后才能进行称量。

4）天平的前门仅供安装、检修和清洁时使用，平时不要打开。

5）在天平箱内放置变色硅胶作干燥剂，若变色硅胶变红应及时更换。

6）必须使用指定的天平及天平所附的砝码。如果发现天平不正常，应及时报告指导教师或实验室工作人员，不要自行处理。

7）注意保持天平、天平台、天平室的安全、整洁和干燥。

8）天平箱内不可有任何遗落的药品，如有遗落的药品可用毛刷及时清理干净。

9）用完天平后，罩好天平罩，切断天平的电源。最后在天平使用记录簿上登记，并请指导教师签字。

3.1.2 电子天平(见图 3-2)

1. 电子天平的构造

电子天平是最新一代的天平，是根据电磁力平衡原理，直接称量，全量程不需砝码。放上称量物后，在几秒钟内即达到平衡，显示读数，称量速度快、精度高。电子天平的支撑点用弹性簧片取代机械天平的玛瑙刀口，用差动变压器取代升降枢装置，用数字显示代替指针刻度。因而，电子天平具有使用寿命长、性能稳定、操作简便和灵敏度高的特点。此外，电子天平还具有自动校正、自动去皮、超载指示、故障报警等功能以及具有质量电信号输出功能，且可与打印机、计算机联用，进一步扩展其功能，如统计称量的最大值、最小值、平均值及标准偏差等。由于电子天平具有机械天平无法比拟的优点，虽然其价格较贵，但也会越来越广泛地应用于各个领域并逐步取代机械天平。

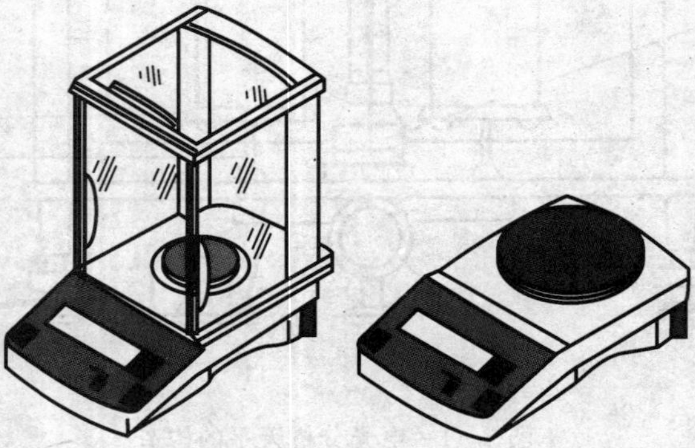

图 3-2 常见的电子天平

电子天平按结构可分为上皿式和下皿式两种。称盘在支架上面为上皿式，称盘吊挂在支架下面为下皿式。目前，广泛使用的是上皿式电子天平。尽管电子天平种类繁多，但其使用方法大同小异，具体操作可参看各仪器的使用说明书。

2. 电子天平的使用方法

下面以上海天平仪器厂生产的 FA1604 型电子天平为例，简要介绍电子天平的使用方法。

(1)水平调节。观察水平仪，如水平仪水泡偏移，需调整水平调节脚，使水泡位于水平仪中心。

(2)预热。接通电源，预热至规定时间后，开启显示器进行操作。

(3)开启显示器。轻按 ON 键，显示器全亮，约 2 s 后，显示天平的型号，然后是称量模式 0.000 0 g。读数时应关上天平门。

(4)天平基本模式的选定。天平通常为“通常情况”模式，并具有断电记忆功能。使用时若改为其他模式，使用后按 OFF 键，天平即恢复通常情况模式。称量单位的设置等可按说明书进行操作。

(5)校准。天平安装后，第一次使用前，应对天平进行校准。因存放时间较长、位置移动、环境变化或未获得精确测量，天平在使用前一般都应进行校准操作。本天平采用外校准(有的电子天平具有内校准功能)，由 TAR 键清零及 CAL 减、100 g 校准砝码完成。

(6)称量。按 TAR 键,显示为零后,置称量物于称盘上,待数字稳定即显示器左下角的“0”标志消失后,即可读出称量物的质量值。

(7)去皮称量。按 TAR 键清零,置容器于称盘上,天平显示容器质量,再按 TAR 键,显示零,即去除皮重。再置称量物于容器中,或将称量物(粉末状物或液体)逐步加入容器中直至达到所需质量,待显示器左下角“0”消失,这时显示的是称量物的净质量。将称盘上的所有物品拿开后,天平显示负值,按 TAR 键,天平显示 0.000 0 g。若称量过程中称盘上的总质量超过最大载荷(FA1604 型电子天平为 160 g)时,天平仅显示上部线段,此时应立即减小载荷。

(8)称量结束后,若较短时间内还使用天平(或其他人还使用天平)一般不用按 OFF 键关闭显示器。实验全部结束后,关闭显示器,切断电源,若短时间内(例如 2 h 内)还使用天平,可不必切断电源,再用时可省去预热时间。若当天不再使用天平,应拔下电源插头。

3.1.3 称量方法

常用的称量方法有直接称量法、固定质量称量法和递减称量法,现分别介绍如下。

(1)直接称量法。此法是将称量物直接放在天平盘上直接称量物体的质量。例如,称量小烧杯的质量,容量器皿校正中称量某容量瓶的质量,重量分析实验中称量某坩埚的质量等,都使用这种称量法。

(2)固定质量称量法。此法又称增量法,此法用于称量某一固定质量的试剂(如基准物质)或试样。这种称量操作的速度很慢,适于称量不易吸潮、在空气中能稳定存在的粉末状或小颗粒(最小颗粒应小于 0.1 mg,以便容易调节其质量)样品。

注意:若不慎加入试剂超过指定质量,应先关闭升降旋钮,然后用牛角匙取出多余试剂。

重复上述操作,直至试剂质量符合指定要求为止。严格要求时,取出的多余试剂应弃去,不要放回原试剂瓶中。操作时不能将试剂散落于天平盘等容器以外的地方,称好的试剂必须定量地由表面皿等容器直接转入接受容器,此即所谓“定量转移”。

(3)递减称量法。递减称量法又称减量法(见图 3-3),此法用于称量一定质量范围的样品或试剂。在称量过程中样品易吸水、易氧化或易与 CO_2 等反应时,可选择此法。由于称取试样的质量是由两次称量之差求得,故也称差减法。

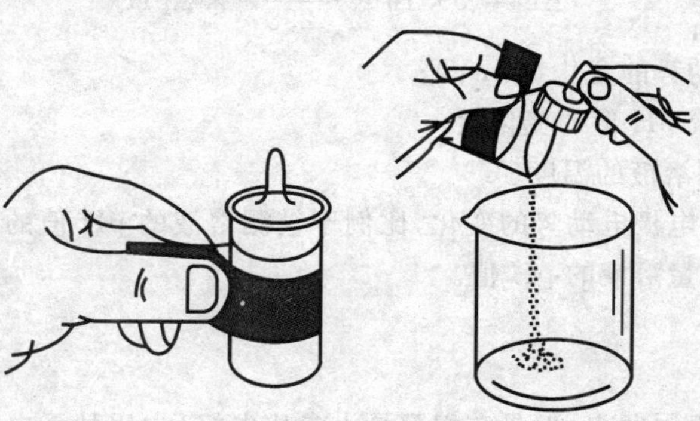

图 3-3 递减称量法

称量步骤如下:从干燥器中用纸带(或纸片)夹住称量瓶后取出称量瓶(**注意:不要让手指直接触及称瓶和瓶盖**),用纸片夹住称量瓶盖柄,打开瓶盖,用牛角匙加入适量试样(一般为称一份试样量的整数倍),盖上瓶盖。称出称量瓶加试样后的准确质量。将称量瓶从天平上取出，在接收容器的上方倾斜瓶身，用称量瓶盖轻敲瓶口上部使试样慢慢落入容器中，瓶盖始终不要离开接受器上方。当倾出的试样接近所需量(可从体积上估计或试重得知)时，一边继续用瓶盖轻敲瓶口，一边逐渐将瓶身竖直，使黏附在瓶口上的试样落回称量瓶，然后盖好瓶盖，准确称其质量。两次质量之差，即为试样的质量。按上述方法连续递减，可称量多份试样。有时一次很难得到合乎质量范围要求的试样，可重复上述称量操作 1～2 次。

3.2 酸度计的使用

利用测量电动势来测量水溶液 pH 值的仪器，称为酸度计，也称 pH 计，它同时也可以用作测定电极电位及其他用途。实验化学中常用的酸度计有 pH—25 型(雷磁 25 型)、pHS—2 型、pHS—3E 型、pHS—3B 型等。

3.2.1 测定原理

酸度计测量 pH 值，是在待测溶液中插入一对工作电极(一支为电极电位已知、恒定的参比电极，另一支为电极电位随待测溶液离子浓度的变化而变化的指示电极)构成原电池，并接上精密电位计，即可测得该电池的电动势。由于待测溶液的 pH 值不同，所产生的电动势也不同，因此，用酸度计测量溶液的电动势，即可测得待测溶液的 pH 值。

为了省去将电动势换算为 pH 值的计算手续，通常将测得电池的电动势，在电表盘上直接用 pH 刻度值表示出来。同时仪器还安装了定位调节器。测量时，先用 pH 标准缓冲溶液，通过定位调节器使仪器上指针恰好指在标准溶液的 pH 值处。这样，在测定未知溶液时，指针就直接指示待测溶液的 pH 值。通常把前一步骤称为校正，后一步骤称为测量。

pHS—3B 型仪器使用的 E—201—C9 型复合电极是由 pH 玻璃电极与银-氯化银电极组成，玻璃电极作为测量电极，银-氯化银电极作为参比电极，当被测溶液氢离子浓度发生变化时，玻璃电极和银-氯化银电极之间的电动势也随着引起变化，而电动势变化关系符合下列公式：

$$\Delta E = 59.16 \times \frac{273 + t}{298} \times \Delta \mathrm{pH}$$

式中　ΔE —— 电动势的变化量(mV)；

$\Delta \mathrm{pH}$ —— 溶液 pH 值的变化量；

t ——被测溶液的温度(℃)。

从上式可见，复合电极电动势的变化，比例于被测溶液的 pH 值的变化，仪器经用标准缓冲溶液标准后，即可测量溶液的 pH 值。

3.2.2 仪器结构

酸度计的种类和型号很多，但是它们都是由参比电极(常用甘汞电极)、指示电极(常用玻璃电极)及精密电位计三部分组成。pHS—3B 型酸度计的面板图见图 3-4。

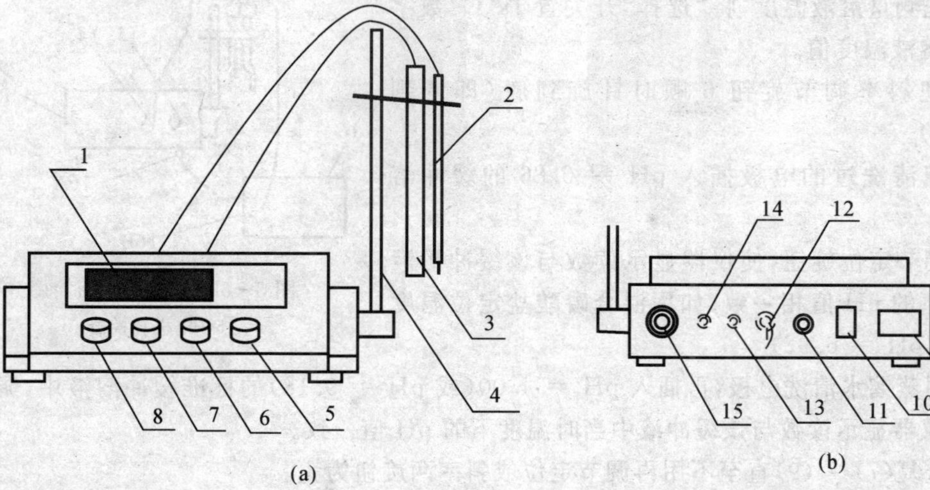

图 3-4　pHS—3B 型酸度计前面、后板图

1—数字显示屏； 2—温度传感器； 3—复合电极；4—电极支架； 5—定位调节旋钮； 6—斜率补偿调节旋钮；
7—温度调节旋钮； 8—选择开关(pH,mV)； 9—电源插座；10—电源开关；11—保险丝管座；
12—温度补偿选择开关； 13—测温探头插孔； 14—参比电极插孔； 15—测量(复合)电极插孔

3.2.3 操作步骤

1. 开机前准备

(1) 将电极支架旋入电极支架插座，调节电极夹到适当位置。

(2) 把复合电极和 T811 型温度传感器夹在电极夹上，拉下电极前端的电极套。

(3) 用蒸馏水清洗电极。清洗后再用被测溶液清洗一次。

2. 开机

(1) 电源线插入电源插座。按下电源开关，电源接通后，预热 30min，接着进行标定。

(2) pH 值自动温度补偿和手动温度补偿的使用：

1) 只要将后面板转换开关 12 置于自动位置，该仪器就可进行 pH 值自动温度补偿状态，此时手动温度补偿不起作用。

2) 使用手动温度补偿的方法：将温度传感器拨去，后面板转换开关 12 置于手动位置。将仪器“选择”开关 8 置于“温度调节器”的“℃”调节，使数字显示值与被测溶液中温度计显示值相同，仪器同样将该温度信号送入 pH－t 混合电路进行运算，从而达到手动温度补偿的目的。

(3) 溶液温度测量方法：将仪器“选择”开关置于“℃”，数字显示值即为测温传感器所测量的温度值。

3. 标定

仪器使用前，先要标定。一般说来，仪器在连续使用时，每天要标定一次。

(1) 在测量电极插孔 15 处拔去短路插头；在测量电极插孔处插上复合电极 3 及 T811 温度传感器 2。

(2) 如不用复合电极，则在测量电极插孔 15 处插上电极转换器插头 16A；玻璃电极插头插入转换器插座 16B 处；参比电极接入参比电极接插孔 14 处(见图 3-5)。

(3) 把“选择”开关旋钮 8 调到 pH 挡。

(4) 先测量溶液温度，将“选择”开关置于“℃”数字显示值为溶液温度值。

(5) 把斜率调节旋钮 6 顺时针旋到底（即调到 100%位置）。

(6) 把清洗过的电极插入 pH = 6.86 的缓冲溶液中。

(7) 调节定位旋钮，使仪器显示读数与该缓冲溶液当时温度下的 pH 值相一致（如用混合磷酸盐定位温度为 10℃时，pH = 6.92）

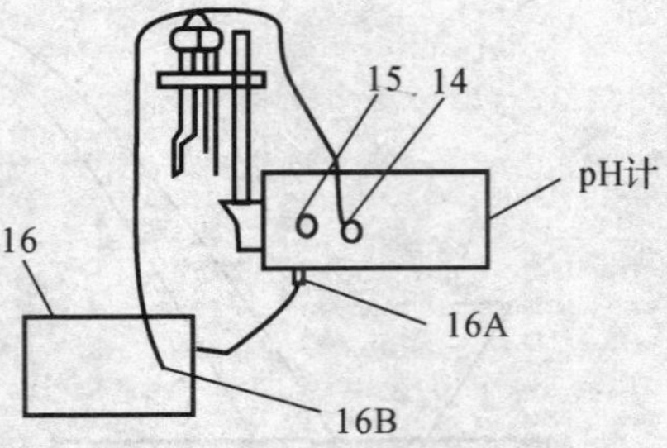

图 3-5 单电极使用简图

16—电极转换器

(8) 用蒸馏水清洗电极，再插入 pH = 4.00（或 pH = 9.18）的标准缓冲溶液中，调节斜率旋钮使仪器显示读数与该缓冲液中当时温度下的 pH 值一致。

(9) 重复(7)～(9)直至不用再调节定位或斜率两旋钮为止。

(10) 仪器完成标定。用手动温度补偿方式标定可参阅操作步骤二第(2)条。

注意：经标定后，定位调节旋钮及斜率调节旋钮不应再有变动。

标定的缓冲溶液第一次应用 pH = 6.86 的溶液，第二次应接近被测溶液的值，如被测溶液为酸性时，缓冲溶液应选 pH = 4.00；如被测溶液为碱性时，则选 pH = 9.18 的缓冲溶液。一般情况下，在 24 h 内仪器不需再标定。

4. 测量 pH 值

测量溶液 pH 值时应先用蒸馏水清洗电极，再用被测溶液清洗电极，然后将电极插入被测溶液中，摇动烧杯，使溶液均匀后读出溶液的 pH 值。

5. 测量电极电势值

(1) 将离子选择电极或金属电极和甘汞电极夹在电极架上。

(2) 用蒸馏水清洗电极头部，用被测溶液清洁一次。

(3) 把电极转换器的插头 16A 插入仪器后部的测量电极插座内；把离子电极的插头插入转换器的插座 16B 内。

(4) 把甘汞电极接入仪器后部的参比电极接口上。

(5) 把两种电极插在被测溶液内，将溶液搅拌均匀后，即可在显示屏上读出该离子的选择电极的电极电势值，还可自动显示正负极性。

(6) 如果被测信号超出仪器的测量范围，或测量端开路时，显示屏会不亮，作超载报警。

3.2.4 仪器维护

pH 计具有很高的输入阻抗，使用环境经常接触化学药品，为保证仪器正常使用，所以更需要合理维护。

(1) 仪器的输入端(测量电极插座 15)必须保持干燥清洁。仪器不用时，将短路插头插入插座，防止灰尘及水气进入。在环境温度较高的场所使用时，应把电极插头用干净纱布擦干。

(2) 测量时，电极的引入导线应保持静止，否则会引起测量不稳定。

(3) 仪器采用了 MOS 集成电路，因此，在检修时应保证电烙铁接地良好。

(4) 用缓冲溶液标定仪器时，要保证缓冲溶液的可靠性，不能配错缓冲溶液，否则测量结果可能产生误差。

缓冲溶液用完后可按下列方法自行配制：

1）pH＝4.00 溶液：用 GR 邻苯二甲酸氢钾 10.21g，溶解于 1 000 mL 的高纯去离子水中。

2）pH＝6.86 溶液：用 GR 磷酸二氢钾 3.4 g，GR 磷酸氢二钠 3.55 g，溶解于 1 000 mL 的高纯去离子水中。

3）pH＝9.18 溶液：用 GR 硼砂 3.18 g，溶解于 1 000 mL 的高纯去离子水中。

(5) 测温传感器采用 pt100 线型热敏电阻，使用寿命长，但切勿敲击或摔伤，如遇到温度传感器损坏，可再向厂方购买。在温度传感器损坏情况下，可使用手动温度补偿进行测量。

3.2.5 电极使用维护的注意事项

(1) 电极在测量前必须用已知 pH 值的标准缓冲溶液进行定位校准，其值愈接近被测值愈好。

(2) 取下电极套后，应避免电极的敏感玻璃泡与硬物接触，因为任何破损或擦毛都可能使电极失效。

(3) 测量后，及时将电极保护套套上，套内应放少量补充液以保持电极球泡的湿润。切忌浸泡在蒸馏水中。

(4) 复合电极的外参比补充溶液为 3mol/L 氯化钾溶液，补充液可以从电极上端小孔加入。

(5) 电极的引出端必须保持清洁干燥，绝对防止输出两端短路，否则将导致测量失准或失效。

(6) 电极应与输入阻抗（$\geqslant 10^{12}\,\Omega$）较高的酸度计配套，以使其保持良好的特性。

(7) 电极应避免长期浸在蒸馏水、蛋白质溶液和酸性氟化物溶液中。

(8) 电极避免与有机硅油接触。

(9) 电极经长期使用后，如发现斜率略有降低，则可把电极下端浸泡在 4%HF（氢氟酸）中 3～5 s，用蒸馏水洗净，然后在 0.1mol/L 盐酸溶液中浸泡，使之复新。

(10) 被测溶液中如含有易污染敏感球泡或堵塞液接界的物质而使电极钝化，会出现斜率降低现象，显示读数不准。如发生该现象，则应根据污染物质的性质，用适当溶液清洗，使电极复新。

注意：选用清洗剂时，不能用四氯化碳、三氯乙烯、四氢呋喃等能溶解聚碳酸树脂的清洗液，因为电极外壳是用聚碳酸树脂制成的，其溶解后极易污染敏感玻璃球泡，从而使电极失效。也不能用复合电极去测上述溶液。

表 3－1　污染物质和清洗剂参考表

污染物	清洗剂
无机金属氧化物	低于 1 mol/L 稀酸
有机油脂类物质	稀洗涤剂（弱碱性）
树脂高分子物质	酒精、丙酮、乙醚
蛋白质血球沉淀物	酸性酶溶液（如食母生）
颜料类物质	稀漂白液、过氧化氢

3.3 电导率仪的使用

电解质溶液的电导目前多采用电导率仪进行测量。它的特点是测量范围广，快速直接，操作方便。如配接自动平衡记录仪后，还可对电导的测量进行实时自动记录。

3.3.1 测量原理

电导仪根据其作用原理，主要分为平衡电桥式和分压直读式两大类。

(1)平衡电桥式电导仪。这是测量电导的最简单的仪器，如雷磁 27 型和 D5906 型电导仪，均属此类。其作用原理如图 3-6 所示。

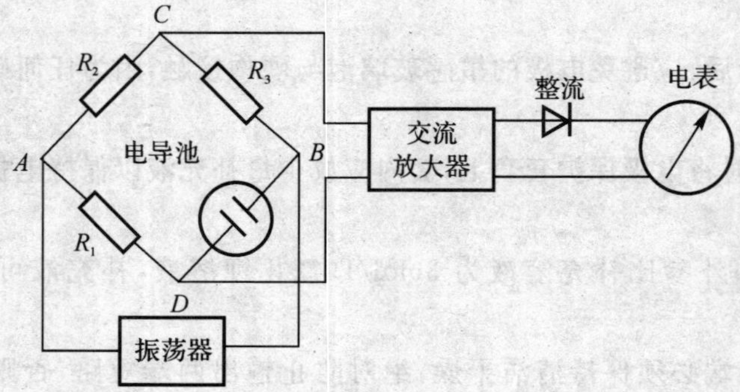

图 3-6 平衡电桥式电导仪原理图

由标准电阻 R_1，R_2，R_3 和电导池构成惠斯顿电桥，由振荡器产生的电流从 A，B 两端通过电桥，经交流放大器放大后，再整流将交流信号变成直流信号，推动电表。当电桥平衡时，示零器(电表) 指零，C，D 两端的电位相等，此时有

$$R_x = \frac{R_1}{R_2} R_3$$

由此可求得溶液的电导 G。

式中，R_1，R_2 为比例比臂，可选择$\frac{R_1}{R_2} = 0.1,\ 1.0$ 及 10.0 等；R_3 是一个带刻度盘的可调电阻或精密的多位数字电阻箱。

(2) 分压直读电导仪。这是一种有利于快速和连续自动测量的电导仪，如 DD—11 型和 DDS—llA 型电导仪，其原理如图 3-7 所示。由振荡器输出的不随 R_x，改变而改变的交流电压为 U，则通过电导池(R_x) 及负载 R_m(分压电阻) 回路中的电流强度 I 为

$$I = \frac{U}{R_x + R_m}$$

设 U_m 为分压电阻 R_m 两端电势差，则

$$U_m = IR_m = \frac{UR_m}{R_x + R_m}$$

当 $R_m \ll R_x$，时，上式可简化为

$$U_m = \frac{UR_m}{R_x} = UR_m G$$

当 R_m，U 一定时，U_m 与 G 呈线性关系，因此可以利用测得分压 U_m 以求得待测溶液的电导，通常仪器表头的刻度直接给出 U_m 变化所对应的电导值(或电阻值)。

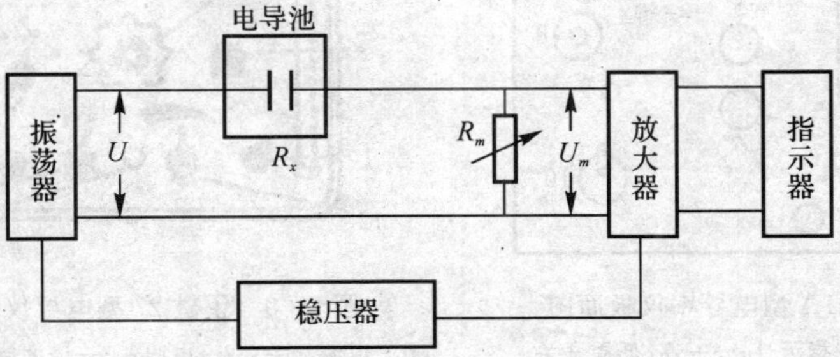

图 3-7　分压直读电导仪原理图

3.3.2　仪器结构

电导仪主要由电导池、测量电源、测量电路与指示器等部分组成，高精度的电导仪还有温度及电容补偿电路，图 3-8 和图 3-9 分别为 DDS—11A 型电导仪和雷磁 27 型电导仪的外型图。

3.3.3　使用方法

1. DDS—11A 型电导仪的使用方法

(1) 拨正表头 11 零点(如不指零可调节表头上的螺丝)。

(2) 将“校正—测量”开关 4 拨至“校正”位置，打开电源开关 1，接通电源(指示灯亮)，并预热 10min，然后调节“校正调节器”6，使表针指示满度。

(3) 将“高、低周”开关 3 拨至所需要的位置，当待测液电导率小于 $30\mu S \cdot cm^{-1}$ 时，开关拨至“低周”(1～8 量程)，当电导率大于 $300\mu S \cdot cm^{-1}$ 时，开关拨至“高周”(9～12 量程)。

(4) 将“量程选择”开关 10 拨至所需要的测量范围，如果预先不知道待测液的电导(率)的大小范围，则应先由最大挡(12 量程)逐渐下降至合适范围，以防打弯电表指针。

(5) 选用合适的电极(1～5 量程用 DJS—1 型光亮电极，6～11 量程用 DJS—1 型铂黑电极，12 量程用 DJS—10 型铂黑电极)。

将电极[①]头插入电极插口 8 内，拧紧固定螺丝，用少量待测液冲洗电极 2～3 次，并将电极插入待测液中。用电极常数调节器 5 调节所指数值与所用电极的电导池常数值一致。

(6) 再次调节“校正调节器”6，使电表指针在满刻度处，然后将“校正—测量”开关拨至“测量”挡，进行测量，这时电表指针指示的数值乘以“量程选择”开关所选用的倍率[②]，即为待测液的电导(率)[③]。

---

① 电极使用之前，应将电极在蒸馏水中浸泡数分钟，但不能弄湿电极引线，否则将测不准。

② “量程选择”开关，置于黑点所示的各挡时，读电表的上面(黑色)刻度，当置于红点所示的各挡时，则读电表下面(红色)刻度。

③ 如要了解在测量过程中电导的变化情况，则将 10mV 输出插口 7 接到自动电势差计即可。

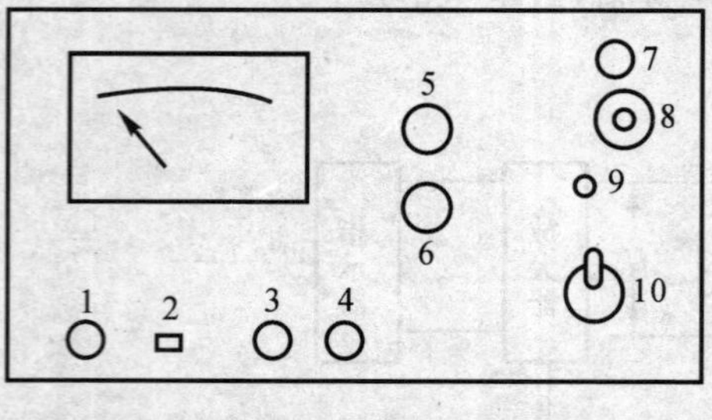

图 3-8　DDS—11A 型电导率仪板面图

1—电源开关；2—指示灯；3—高、低周开关；
4—校正—测量开关；5—电极常数调节器；
6—校正调节器；7—10 mV 输出插口；8—电极插口；
9—电容补偿调节器；10—量程选择开关；11—表头

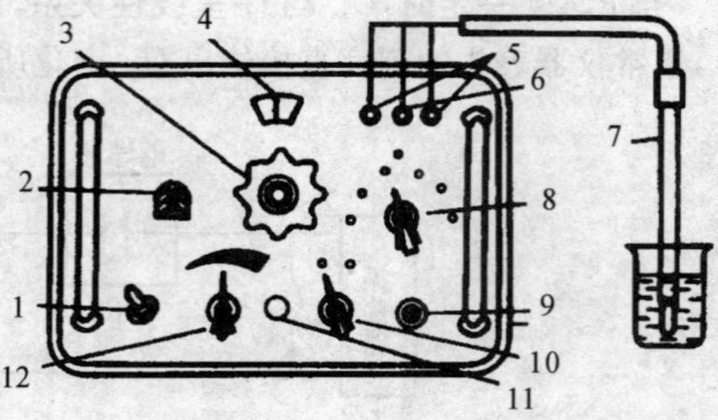

图 3-9　雷磁 27 型电导仪的板面图

1—电源开关；2—电眼；3—倍率旋钮；4—倍率读数窗；
5—电极接线柱；6—屏蔽线接柱；7—电极；
8—量程选择旋钮；9—指示灯；10—电源频率选择旋钮；
11—电容补偿旋钮；12—灵敏度调节旋钮

2. 雷磁 27 型电导仪的使用方法

(1) 电极在使用时应用二次蒸馏水冲洗 2～3 次，保证其表面洁净，铂黑良好[①]，电极插头应用棉花蘸无水酒精擦拭干净。

(2) 将电源频率选择旋钮 10 拨至所选定的位置(其中有 1 000 Hz 和 50 Hz 高、低两挡，待测溶液电导大的宜用 1 000 Hz)电源。

(3) 将电极引线接在电极接线柱 5 上，电极的金属屏蔽线接在中间的接线柱 6 上。将电极浸入待测溶液中，并固定好(所用烧杯应用二次蒸馏水洗 2～3 次后烘干，或用待测液涮洗 2～3次后使用[②])。

(4) 接通电源，开启电源开关 1，指示灯亮。稍后，待电眼发出绿色荧光后即可使用。

(5) 转动灵敏度调节旋钮[③] 12 至电眼 2 的荧光略有减小，旋转量程选择旋钮 8 至荧光闭合达更小，再调节倍率旋钮 3，使荧光闭合至最小[④]。

(6) 将灵敏度适当增大，再转动倍率旋钮 3 至电眼 2 荧光亮线闭合到最小。记下读数，黑色刻度为测电阻用，红色刻度为测电导用。将量程读数与倍率读数相乘，即为待测溶液的电导值或电阻值。

(7) 测量完毕，关闭电源，取出电极并用蒸馏水洗净放好，罩好仪器。

电容补偿器旋钮是并联在仪器内部标准电阻 R_3 上的可变电容，用以补偿电导池及电极导线所在的电容。当待测溶液的电导在 5～0.05μS 低电导时，如电眼的荧光边线太模糊，可转动此旋钮 11 来改善。

---

① 电极若失灵，可浸入 10%HCl 或 HNO_3 溶液中 2min，再依次用蒸馏水及二次蒸馏水冲洗数次之后使用，若情况仍未改善，则必须重新镀铂黑。

② 最好将盛放待测溶液的烧杯置于恒温水浴中或室温水浴或油浴中，也可置于空气中，但烧杯外壁应擦干。

③ 灵敏度调节旋钮 12 是用来调节电眼 2 的灵敏度的，灵敏度应置于适当的位置，灵敏度过高，电眼荧光变化太快，不易观察。

④ 若倍率旋钮 3 转至尽头(即刻度盘读数为 20 或 2)，而电眼 2 荧光亮线仍不能闭合至最小，则应改变量程。

3.4 可见分光光度计的使用

用来测量和记录待测物质对可见光的吸光度并进行定量分析的仪器，称为可见分光光度计。

3.4.1 工作原理

溶液中的物质在可见光的照射激发下，产生对光吸收的效应，这种吸收是具有选择性的。各种不同的物质都有各自的吸收光谱，因此当某单色光通过溶液时，其能量就会被吸收而减弱，光能量减弱的程度和物质的浓度有一定的比例关系，即符合朗伯-比尔定律(见图 3-10)。

$$T=\frac{I}{I_0},\quad \lg\frac{I_0}{I}=Kcl,\quad A=Kcl$$

式中 T —— 透射比； I_0 —— 入射光强度；
I — 透射光强度； A —— 吸光度；
K —— 吸收系数； l —— 溶液的光程长；
c —— 溶液的浓度。

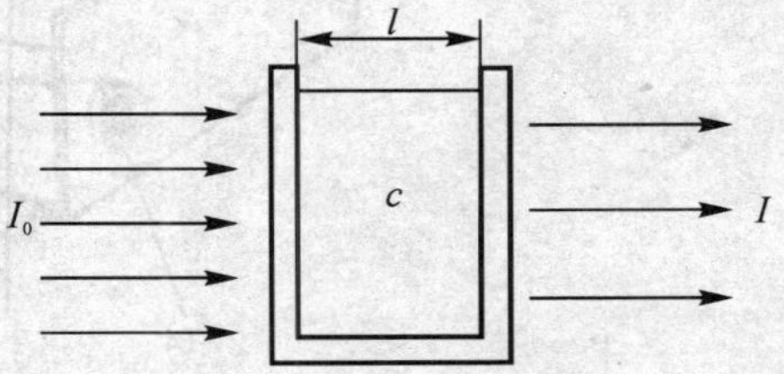

图 3-10 光吸收示意图

从以上公式可以看出，当入射光、吸收系数和溶液的光程长不变时，透过光是根据溶液的浓度而变化的，可见分光光度计的基本原理是根据上述物理光学现象而设计的。

3.4.2 仪器的结构

可见分光光度计的种类和型号甚多。实验化学中常用的有 72 型和 722 型可见分光光度计，现分别简要介绍如下。

1. 72 型分光光度计的结构

72 型分光光度计是由磁饱和稳压器、单色器和检流计三大部分组成。使用时，应先把这三部分用导线按图 3-11 接好。

将单色器与稳压器的输出接线柱 5.5V 或 10V 连接，再按照导电片上套管的颜色，把单色器与检流计连接，红色套管的导电片接在"+"号处，绿色套管的导电片接"-"号处，第三个导电片接地线。稳压器和检流计分别接 220V 电源。

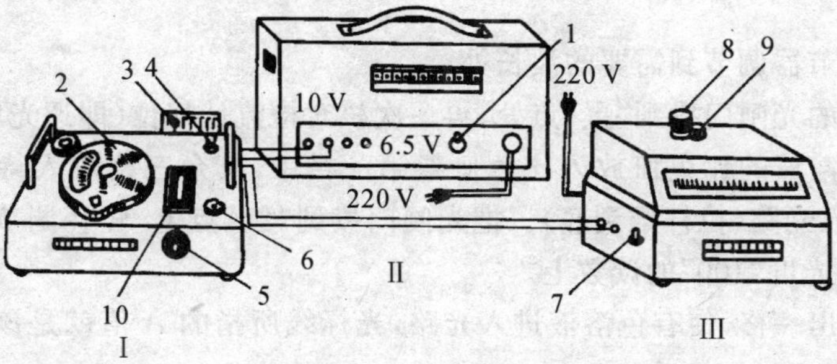

图 3-11 72 型分光光度计线路的装接示意图

Ⅰ—单色光器； Ⅱ—磁饱和稳压器； Ⅲ—检流计

1—稳压器电源开关； 2—波长调节器； 3—光路闸门； 4—单色光器光源开关； 5—比色皿定位装置；
6—光量调节器； 7—检流计电源开关； 8—零点粗调节器； 9—零点细调节器； 10—比色皿架

2. 722 型光栅分光光度计的结构

722 型光栅分光光度计，采用自准式色散系统和单光束结构，色散元件为衍射光栅，使用波长为 330 ～800 nm 数字显示读数还可以直接测定溶液的浓度。其外形如图 3－12 所示。

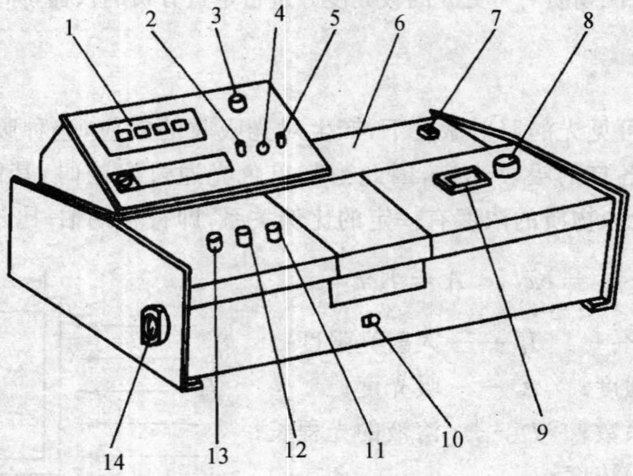

图 3－12 722 型光栅分光光度计仪器外形图

1—数字显示器；2—吸光度调零旋钮；3—选择开关；4—吸光度调斜率电位器；5—浓度旋钮；6—光源室；7—电源开关；8—波长手轮；9—波长刻度窗；10—试样架拉手；11—T 旋钮(100%)；12—T 旋钮(0%)；13—灵敏度调节旋钮；14—干燥器

3.4.3 仪器的使用

1. 72 型分光光度计的使用方法

(1) 接通电源前，应先使稳压器、检流计和单色器的电源开关均处“关”的位置。光量调节器逆时针转至最小位置，单色器光闸门拨到黑点，然后把稳压器和检流计接上 220V 交流电源。

(2) 将检流计电源开关打开，分挡开关由“断”拨至“直接”或“×1”档，指示光点出现在标尺上，用零位调节器将光标线准确地调至透光度标尺的“0”点上。

(3) 打开稳压器和单色器的电源开关，把光闸门拨到“红”点上，再沿顺时针方向旋转光亮调节器，使检流计的指示光标线到达标尺上透光度 100%处附近，预热 10 min 后，待光标稳定后再开始使用。

(4) 把波长调节器调节到需要的波长处。

(5) 将单色器的光闸门拨到“黑”点处，再一次核对检流计零位(即透光度为“0”处)。

(6) 将盛空白溶液的比色皿放入比色皿架第一格中，其余三格放入待测溶液，盖上暗箱盖，将空白溶液推入光路(拉杆推到底)。把光闸门拨到“红”点上，轻轻调节光量调节器，把光标线准确地调至透光度“100”的读数上。

(7) 把拉杆抽出一格，使有色溶液进入光路，光标线所指的 A 值就是该溶液的吸光度，再依次测定其他溶液。

(8) 测定完毕，取出比色皿把溶液倒掉，用蒸馏水冲洗干净，吸干，放回比色皿盒子内。全部旋钮和开关恢复到使用前的状态，切断电源，把仪器罩好。

注意：

1）在接通电源之前，应检查各个调节旋钮是否均在起始位置，然后再打开电源开关。仪器停止工作时，必须把开关放在“关”上再切断电源。

2）只要空白溶液的透光度能调到“100”，单色器的电源电压应用 5.5 V，不用 10V。这主要是延长光源灯的寿命，降低单色器的温度。

3）检流计背面有两个电源插孔，分别标有“220V”和“6V”。若用 220V 交流电源，则导线插头应插入“220V”孔内，若用 6V 直流电源，则导线插头应插入“6V”孔内，不能插错。否则将把仪器烧坏。

4）在仪器使用过程中，应注意保护光电池，避免长时间照射而疲劳。当取换溶液和记录读数后，应及时将光闸门拨到“黑”点，切断入射光。

5）应注意保护比色皿的透光面的光洁。使用时只能用手拿毛玻璃面，勿拿透光面。擦拭壁外溶液时只能用镜头纸。

6）比色皿盛放溶液不能超过其高度的 4/5，以免溶液溢入机件内部。

2.722 型光栅分光光度计使用方法

(1) 在接通电源前，应对仪器的安全性进行检查，电源线接线应牢固，接地线通地要良好，各个调节旋钮的起始位置应该正确，然后再接通电源。

(2) 将灵敏度派或调至“1”挡（放 6 倍率最小）。调波长调节器至所需波长。

(3) 开启电源开关，指示灯亮，选择开关置于“T”，调节透光度“100%”旋钮，使数字显示“100.0”左右，预热 20 min。

(4) 打开吸收地暗室盖（光门自动关闭），调节“0”旋钮，使数字显示为“00.0”，盖上吸收地盖，将参比溶液置于光路，使光电管受光，调节透光度“100%”旋钮，使数字显示为“100.0”。

(5) 如果显示不到“100”，则可适当增加电流放大器灵敏度挡数，但应尽可能使用低挡数，这样仪器将有更高的稳定性。当改变灵敏度后必须按重新校正“0”和“100”。

(6) 按(4)连续几次调整“00.0”和“100”后，将选择开关置于“A”，调节吸光度调零旋钮，使数字显示为“.000”。然后将待测溶液推入光路，显示值即为待测样品的吸光度值 A。

(7) 浓度 c 的测量。选择开关由“A”旋至“c”，将标准溶液推入光路，调节浓度旋钮。使得数字显示值为已知标准溶液浓度数值。将待测样品溶液推入光路，即可读出待测样品的浓度值。

(8) 如果大幅度改变测试波长时，在调整“00.0”和“100”后稍等片刻（因光能量变化急剧，光电管受光后响应缓慢，需一段光响应平衡时间），当稳定后，重新调整“00.0”和“100”即可工作。

注意：

1）使用前，使用者应该首先了解本仪器的结构和原理，以及各个旋钮之功能。

2）仪器接地要良好，否则显示数字不稳定。

3）仪器左侧下角有一只干燥剂筒，应保持其干燥，发现干燥剂变色应立即更新或烘干后再用。

4）当仪器停止工作时，切断电源，电源开关同时切断，并罩好仪器。

3.5 奥氏气体分析仪的使用

3.5.1 仪器的结构

常用的气体分析仪是四管式奥氏(Orsat)气体分析仪。仪器的装置如图 3-13 所示,其主要部件为量气管 2、水准瓶 1 和 4 只吸收瓶 12,13,14,15。全套仪器装在一只可提携的木匣内。

量气管 2 是一只上部比较膨大,下部比较细长的玻璃管。膨大部分容积为 50 cm^3,其上部的管上刻有一条标线(称为零线);细长部分的每一刻度相当于 0.1 cm^3 或 0.2 cm^3,在最下部的刻度值为 100 cm^3。量气管 2 装置在水套管 16 内,以减少分析时气体温度发生的变化(为什么温度会发生变化?)。水准瓶 1 是一只具有侧管的玻璃瓶,借助橡皮管与量气管 2 的下端连接,在水准瓶 1 和量气管 2 内装有封闭液(饱和 NaCl 的酸性溶液)。

与量气管 2 上部连通的梳形管 7 是一根厚壁而细长的玻璃管,中间有 4 只带有活塞 3,4,5,6 的支管,梳形管的左端有一只三通活塞 8。吸收瓶 12,13,14,15 均系由一细弯玻璃管连通着 2 只中间膨大的玻璃瓶所组成,其中一只瓶的顶部小管上刻有标线,借助橡皮管与梳形管 7 的支管相连接。有的吸收瓶内装有一些玻璃细管,用来增加吸收液与待测气体的接触面。吸收液可自另一只玻璃瓶口加入;该瓶的上端瓶口平时常用塞子或带夹子的橡皮管予以封闭住(以防止吸收液与空气中的 O_2,CO_2 等接触而过早失效);只有当使用时才予开启。

旋转梳形管 7 左端的三通活塞 8,便可使仪器(通过取样管 10 和"U"形管 11)与待测气体相通,或通过排气管 9 与外界大气相通,或与外界隔绝。

在取样时,将取样管 10 用橡皮管 11 与"U"形管 11 相连,"U"形管 11 的另一端腊助橡皮管与待测气体容器的管道相连。"U"形管 11 内需装一些棉花或玻璃纤维,用以过滤待测气体试样中所夹杂的烟尘等固体杂质。

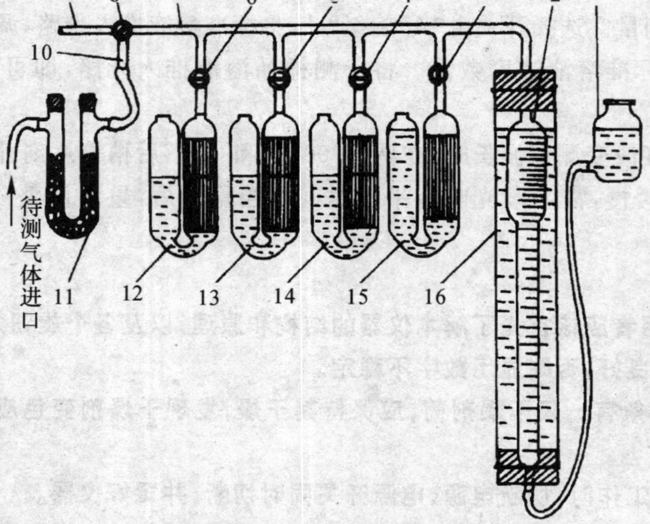

图 3-13　四管式奥氏气体分析仪装置示意图

1—水准瓶; 2—量气管; 3,4,5,6—活塞; 7—梳形管; 8—三通活塞; 9—排气管;
10—取样管; 11—"U"形管; 12,13,14,15—吸收瓶; 16—水套管

3.5.2 仪器的使用

如用四管式奥氏(Orsat)气体分析仪进行烟道气分析。烟道气的主要组分是CO_2,CO,O_2和N_2等气体。

1. 分析前的准备

(1) 仪器的安装。将气体分析仪洗涤洁净,用滤纸片将各玻璃活塞仔细拭干,然后均匀地涂上一层薄薄的润滑脂,注意切勿使润滑脂进入活塞孔中。然后按图 3-13 进行装配。在吸收瓶内分别装入所需的吸收液,使溶液容积达到吸收瓶容积的一半为宜。

吸收瓶 15 中装盛氢氧化钾溶液;吸收瓶 14 中装盛焦性没食子酸-氢氧化钾溶液;吸收瓶 13 中装盛氯化亚铜-氨水溶液;吸收瓶 12 中装盛硫酸溶液;水准瓶 1 中装盛水准瓶封闭溶液;水套管 16 中充满水

(2) 检查仪器的气密性。把三通活塞 8 转到与大气相通的位置,提高水准瓶,使封闭液充满量气管 2 直至上部标线,这时可将量气管内的气体排出,随即藉螺丝夹夹紧套在"U"形管 11 上的橡皮管,再把三通活塞 8 转到与取样管 10 相通的位置,然后将水准瓶 1 放下,这时气体将被吸入量气管内。若量气管 2 内的液面在开始时稍微有点下降,随即就保持不变,这表明仪器装置是密闭的(为什么?)。然后逐一开通各吸收瓶的活塞(此时,应将吸收瓶口上的塞子开启)。同上操作,逐一进行检查。如果发现漏气现象,应找出原因,予以消除。一般在橡皮管连接处或在活塞(尤其是三通活塞)处易出现漏气情况。

(3) 调节吸收瓶内液面。把三通活塞 8 转到使梳形管 7 与大气相通的位置,让封闭液充满到量气管 2 的顶部(不必刚好到上部标线),再把三通活塞 8 转到与外界隔绝的位置(此时排气管 9 与取样管 10 都应处于关闭状态),然后开启活塞 3,使吸收瓶 15 内的液面渐渐升高(为什么要渐渐升高?),当液面恰好上升到上部标线时,立即关闭活塞 3。

同上操作,分别把吸收瓶 14,13,12 内的液面也调节到标线。

2. 气体分析

(1)"冲洗"量气管。因仪器装置内部(如梳形管仍有空气存在,需用待测气体加以冲洗。为此可先把三通活塞 8 转到与大气相通的位置,提高水准瓶 1,使量气管 2 内液面升到上部标线附近,然后将装有待测气体的容器(如球胆)与"U"形管 11 相连,并把三通活塞 8 转到与取样管 10 相通的位置,慢慢放下水准瓶 1,让待测气体吸人量气管 2 中(不必刚好为 100 cm^3,为什么?)。再把三通活塞 8 转到与大气相通的位置,然后提高水准瓶 1,使液面上升到量气管 2 上部标线附近,驱出量气管 2、梳形管 7 及各支管中的气体。如此重复操作 3~4 次,使分析仪中的空气全部为待测气体所取代,方可正式取样。

(2) 取样。提高水准瓶 1,把量气管 2 内的液面调节到上部标线,再把三通活塞 8 转到与取样管 10 相通的位置。放下水准瓶 1,使待测气体吸人量气管 2 中,让量气管 2 内的液面下降到 100 cm^3 刻度以下少许的位置(此时应尽可能使量气管 2 内液面与水准瓶 1 内液面处在同一高度上,为什么?)。把三通活塞 8 再转到与大气相通的位置,小心提高水准瓶 1,并使其液面与量气管 2 内液面在 100 cm^3 刻度处相平(为什么?),然后立即把三通活塞 8 转到与外界隔绝的位置;再将水准瓶 1 内液面与量气管 2 内液面对齐,读取体积读数并记录之。

(3) 测定。为了测定CO_2,O_2,CO 等组分气体的含量,必须按一定顺序进行吸收。操作方法如下:先开启吸收瓶 15 的活塞(此时必须将另一端吸收瓶 15 口上的塞子开启,为什么?),

提高水准瓶1，把量气管2内的待测气体压入盛有KOH溶液的吸收瓶15中，直到量气管2内液面达到上部标线稍下的位置(为什么?)然后放下水准瓶1，把气体又吸回量气管2中(这时活塞3的位置不能变，为什么?)如此重复操作3～4次(或更多次)，使待测气体中所含的CO_2全被KOH溶液吸收。最后将气体再吸回量气管2中，当吸收瓶15内液面恰好调节到上部标线时，立即关闭活塞3。在使液面升向吸收瓶上部标线时，操作必须十分小心(应缓慢地提高水准瓶)，切勿使吸收液进入活塞孔或梳形管内。然后将水准瓶1内液面与量气管2内液面调节到同一高度上。如此反复数次，直至体积读数不再改变。记下量气管2内液面位置。所取待测气体总体积与吸收后剩余气体体积之差就是待测气体中CO_2的体积(切记将另一端吸收瓶15口上的塞子塞紧)。

按同上操作，依次用吸收瓶14,13测定待测气体中O_2,CO的体积。但应注意:在CO吸收完全后，必须再经H_2SO_4溶液吸收，以除去所带出的NH_3气，然后再测量CO完全被吸收后所减少的体积。

最后剩余的气体为N_2和微量的稀有气体。

根据测定所得的有关数据，可求得待测气体中各组分气体的体积分数。

3.6 旋光仪的使用

旋光仪是测定物质旋光度的仪器。通过对样品旋光度的测定，可以分析确定物质的浓度、含量及纯度等。

1. 仪器的结构及原理

WZZ—2自动旋光仪采用光电检测自动平衡原理，进行自动测量。测量结果由数字显示。对目视旋光仪难以分析的低旋光度样品也能适应。因此广泛应用于医药、食品、有机化工等各个领域。仪器采用20 W钠光灯作光源，由小孔光栏和物镜组成一个简单的点光源平行光管(见图3-14)，平行光经偏振镜(1)变为平面偏振光，其振动平面为OO(见图3-15(a))，当偏振光经过有法拉弟效应的磁旋线圈时，其振动平面产生50 Hz的β角往复摆动(见图3-15(b))，光线经过偏振镜(1)投射到光电倍增管上，产生交变的电讯号。

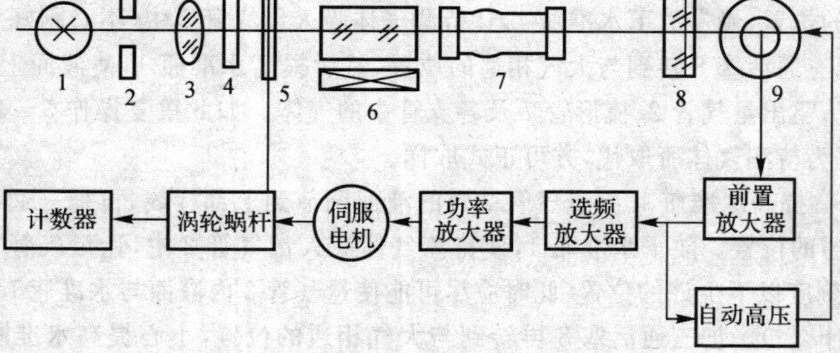

图3-14 WZZ—2自动旋光仪工作原理

1—光源； 2—小孔光栏； 3—物镜； 4—滤色片； 5—偏振镜(1)； 6. 磁旋线圈；
7—试样； 8—偏振镜(2)； 9—光电倍增管

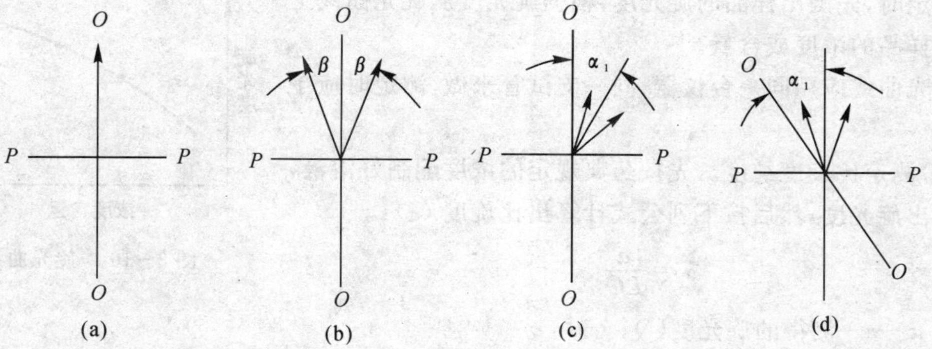

图 3-15　偏振光示意图

OO 轴—偏振镜(1)的偏振轴；　*PP* 轴—偏振镜(2)的偏振轴

(a) 偏振镜(1)产生的偏振光在 OO 平面内振动；(b) 通过磁旋线圈后的偏振光振动面以 β 角摆动

(c) 通过样品后的偏振光振动面旋转 α_1；(d) 仪器示数平衡后偏振镜(1)反向转过 α_1 补偿了样品的旋光度

2. 仪器的使用方法

(1)操作方法。

1) 将仪器电源插头插入 220 V 交流电源，(要求使用交流电子稳压器(1KVA))并将接地脚可靠接地。

2) 打开电源开关，这时钠光灯应启亮，需经 10 min 钠光灯预热，直至发光稳定。

3) 打开光源开关。若光源开关打开后，钠光灯熄灭，则再将光源开关上下重复打开 1～2 次，使钠光灯在直流下点亮，为正常。

4) 打开测量开关，机器处于待测状态。

5) 将装有蒸馏水或其他空白溶剂的试管放入样品室，盖上箱盖，待示数稳定后，按清零按钮。试管中若有气泡，应先让气泡浮在凸颈处；通光面两端的雾状水滴，应用软布揩干。试管螺帽不宜旋得过紧，以免产生应力，影响读数。试管安放时应注意标记的位置和方向。

6) 取出试管，将待测样品注入试管，按相同的位置和方向放入样品室内，盖好箱盖。仪器读数窗将显示出该样品的旋光度。

7) 逐次揿下复测按钮，重复读几次数，取平均值作为样品的测定结果。

8) 如样品超过测量范围，仪器在±45 处停止。此时，取出试管，打开箱盖按箱内回零按钮，仪器即自动转回零位。

9) 仪器使用完毕后，应依次关闭测量、光源、电源开关。

注意：

1) 测深色样品，当被测样品透过率低时，仪器的示数重复性将有所降低，此系正常现象。

2) 钠灯在直流供电系统出现故障不能使用时，仪器也可在钠灯交流供电的情况下测试，但仪器的性能可能略有降低。

3) 当放入小角度样品(小于 0.5°)时，示数可能变化，这时只要按复测按钮，就会出现新的数字。

(2)测定浓度或含量。先将已知纯度的标准品或参考样品按一定比例稀释成若干只不同浓度的试样，分别测出其旋光度。然后以横轴为浓度，纵轴为旋光度，绘成旋光曲线(见图 3-16)。一般，旋光曲线均按算术插值法制成查对表形式。

测定时，先测出样品的旋光度，根据旋光度从旋光曲线上查出该样品的浓度或含量。

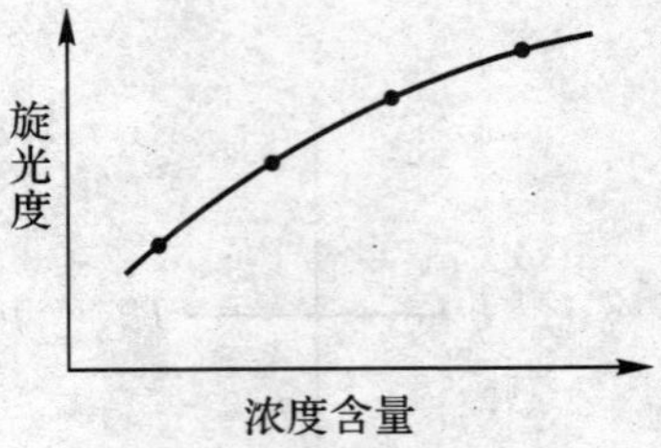

图 3-16　旋光曲线

旋光曲线应用同一台仪器、同一支试管来做，测定时应予注意。

(3)测定比旋度纯度。先按药典规定的浓度配制好溶液，依法测出旋光度，然后按下列公式计算出比旋度 (α)：

$$\alpha = \frac{a}{LC}$$

式中　a —— 测得的旋光度(°)；

C —— 溶液的浓度($g \cdot mL^{-1}$)；

L —— 溶液的长度(dm)。

由测得的比旋度，可求得样品的纯度：

$$纯度=\frac{实测比旋度}{理论比旋度}$$

(4)测定国际糖分度。根据国际糖度标准，规定用 26 g 纯糖制成 100 mL 溶液，用 200 mm 试管，在 20℃下用钠光测定。其旋光度为＋34.626°，其糖度为 100。

3. 仪器的维修及保养

(1)仪器应放在干燥通风处，防止潮气侵蚀，尽可能在 20℃的工作环境中使用仪器，搬动仪器应小心轻放，避免振动。

(2)光源(钠光灯)积灰或损坏，可打开机壳进行擦净或更换。

(3)机械部门摩擦阻力增大，可以打开后门板，在伞形齿轮蜗轮杆处加少许机油。

(4)如果发现仪器停转或其他元件损坏的故障，应按电原理图详细检查或函告生产厂，由厂方维修人员进行检修。

(5)打开电源后，若钠光灯不亮，可检查保险丝。

第4章　实验部分

4.1　基础性实验

实验1　分析天平的使用

一、实验目的

(1) 了解电光分析天平的构造和使用方法。

(2) 学习准确称取物体的质量。

二、电光分析天平的构造、使用方法和规则

参见第3章“3.1 分析天平的使用方法”。

三、实验内容

(1) 用电光天平称表面皿质量。

(2) 称铝片在0.03～0.04g之间。用纸将已称好的铝片包上，写上班级、姓名和所称质量，交老师保存。

(3)用差减法称0.2～0.3g NaCl固体试样一份。

四、思考题

(1) 为什么要测天平的零点？天平的零点和停点有何区别？它们是怎样测定的？

(2) 为了保护刀口，操作时应注意什么？下面的操作是否正确？为什么？

1) 在砝码和称量物的质量悬殊很大的情况下，完全打开升降枢钮；

2) 急速地关、开升降枢钮；

3) 未关闭升降枢钮就加、减砝码或取下称量物。

(3) 下列操作是否影响准确称量？

1) 用手拿砝码；

2) 不关闭天平门；

3) 称物品吸水性很强而又未放在密闭容器内。

(4) 在加、减砝码过程中，标尺往哪个方向移动需要加砝码或减砝码？

(5) 电光天平若以克为单位可精确称量到小数点后几位？若在电光天平上称出的数值恰巧为 3.200 0 g，为什么不可写成 3.2 g？

实验 2　化学反应焓变的测定

一、实验目的

(1) 了解化学反应焓变的测定原理，学会焓变的测定方法。

(2) 熟练掌握移液管和精密温度计的正确使用。

二、实验原理

化学反应通常是在等压条件下进行的，此时化学反应的热效应叫做等压热效应。在化学热力学中，则是用反应体系焓 H 的变化量 ΔH 来表示的，简称为焓变。为了有一个统一标准，通常规定 100 kPa 为标准压力，记为 $p^{\ominus}$。把体系中各固体、液体物质处于 $p^{\ominus}$ 下的纯物质，气体则在 $p^{\ominus}$ 下表现出理想气体性质的纯气体状态称为热力学标准态。在标准状态下化学反应的焓变称为化学反应的标准焓变，用 $\Delta_r H_m^{\ominus}$ 表示，下标“r”表示化学反应，上标“$\ominus$”表示标准状态。在实际工作中，许多重要的数据都是在 298.15 K 下测定的，通常将 298.15 K 下的化学反应的焓变，记为 $\Delta_r H_m^{\ominus}$(298.15 K)。

标出了热效应的化学方程式叫做热化学方程式，对于放热反应 $\Delta_r H_m^{\ominus}$(298.15 K)为“－”值，对于吸热反应 $\Delta_r H_m^{\ominus}$(298.15 K)为“＋”值。

本实验是测定固体物质锌粉和硫酸铜溶液中的铜离子发生置换反应的化学反应焓变：

$$Zn(s) + CuSO_4(aq) = ZnSO_4(aq) + Cu(s) \qquad \Delta_r H_m^{\ominus}(298.15\ K) = -217\ kJ \cdot mol^{-1}$$

这个热化学方程式是表示：在标准状态、298.15 K 时，发生了一个单位的反应，即 1 mol 的 Zn 与 1 mol 的 $CuSO_4$ 发生置换反应生成 1 mol 的 $ZnSO_4$ 和 1 mol 的 Cu，所以其单位为 $kJ \cdot mol^{-1}$。此时的化学反应的焓变 $\Delta_r H_m^{\ominus}$(298.15K)称为 298.15 K 时的标准摩尔焓变。

在实验中，若已知溶液的比热容、溶液的密度、浓度，实验中所取溶液的体积和反应过程中(反应前和反应后)溶液温度的变化，便可求得上述化学反应的摩尔焓变。

三、仪器与试剂

仪器：天平一台，量热器一台，精密温度计(－5～50℃，0.1℃刻度)一支，移液管(50 mL)一支，洗耳球一只，移液管架一只。

试剂：Zn 粉(分析纯级试剂)，$CuSO_4$(0.200 0 $mol \cdot dm^{-3}$)①

---

① $CuSO_4$(0.200 0 $mol \cdot dm^{-3}$)溶液的配制与标定：取比所需量稍多的分析纯级 $CuSO_4 \cdot 5H_2O$ 晶体于一干净的研钵中研细后，倒入称量瓶或蒸发皿中，再放入电热恒温干燥箱中，在低于 60℃的温度下烘 1～2h，取出，冷至室温，放入干燥器中备用。在电光天平上准确称取研细，烘干的 $CuSO_4 \cdot 5H_2O$ 晶体 49.936 g 于一只 250 cm^3 的烧杯中，加入约 150 cm^3 的去离子水，用玻棒搅动使其完全溶解，再将该溶液倾入 1 000 cm^3 容量瓶中，用去离子水将玻棒及烧杯漂洗 2～3 次，洗涤液全部注入容量瓶中，最后用去离子水稀释到刻度，摇匀。取该 $CuSO_4$ 溶液 25.00 cm^3 于 250 cm^3 锥形瓶中，将 pH 值调到 5.0，加入 $NH_3 \cdot H_2O - NH_4Cl$ 缓冲溶液 10 cm^3，加入 PAR 指示剂(4 -(2 -吡啶偶氮)间苯二酚)8～10 滴，次甲基兰指示剂 4～5 滴，摇匀，立即用 EDTA 标准溶液滴定到溶液由紫红色转为黄绿色时为止。

其他：称量纸。

四、实验内容

(1) 本实验所用的量热器是用市售的家用小保温瓶改制而成的。用前先用自来水、蒸馏水依次冲洗干净后，倒置保温瓶，将瓶内水倒净。

(2) 用天平称取 Zn 粉 3.5 g。

(3) 用 50 mL 移液管准确移取 200.00 cm^3 $CuSO_4$ (0.200 0 $mol \cdot dm^{-3}$) 溶液，注入已经洗净的量热器中，盖紧盖子，并在盖中央插入一支 0.1℃ 刻度的精密温度计。

(4) 双手扶正、握稳量热器的外壳，不断地振荡，每隔 0.5 min 记录一次温度数值，直至量热器内 $CuSO_4$ 溶液与量热器温度达到平衡而温度计指示的数值保持恒定不变时为止（一般约 3～5 min）。

(5) 启开量热器的盖子，迅速向 $CuSO_4$ 溶液中加入预先称量好的 Zn 粉 3.5 g 立即盖紧量热器盖，剧烈平稳地振荡量热器，同时每隔 0.5 min 记录一次温度计的指示数值，这样记录到温度上升至最高位置，仍连续进行测定记录，直到温度下降或不变后，再测定记录 3 min，测定方可终止。

五、实验数据记录与处理

(1) 反应时间与温度的变化（每 0.5 min 记录一次）：

硫酸铜溶液的浓度（ $mol \cdot dm^{-3}$ ），密度（ $g \cdot cm^{-3}$ ），实验时室温（℃）。

反应的时间 τ/min，温度计指示值 t/℃，温度 T/(273.15+t)K。

(2) 以反应时间 τ 为横轴，温度 T 为纵轴，用坐标纸作图并按该图所示的方法——外推法求出反应前后温度的变化 ΔT 值。

(3) 从图中找出反应前后温度变化 ΔT 值，再根据公式 $\Delta_r H_m^{\ominus}[(273.15+t)] = -\Delta T c \rho V$ ($kJ \cdot mol^{-1}$) 计算出该化学反应的摩尔焓变值。

这里，$CuSO_4$ 溶液的比热容 $c = 4.18 J \cdot g^{-1} \cdot K^{-1}$，$CuSO_4$ 溶液的密度 ρ 具体值由指导教师告知，量热器的热容忽略不计。

(4) 实验误差的计算及误差产生原因的分析。

六、思考题

(1) 为什么本实验所用的 $CuSO_4$ 溶液的浓度和体积必须准确，而实验中所用的 Zn 粉则用台式天平称量？

(2) 在计算化学反应焓变时，温度变化 ΔT 的数值，为什么不采用反应前（$CuSO_4$ 溶液与 Zn 粉混合前）的平衡温度值与反应后（$CuSO_4$ 溶液与 Zn 粉混合）的最高温度值之差，而必须采用 $t-T$ 曲线上由外推法得到的 ΔT 值？

(3) 本实验中对所用的量热器、温度计有什么要求？是否允许有残留的洗液或水在反应器内？为什么？

实验 3　液体饱和蒸气压的测定

一、目的要求

(1) 测定不同温度下 CCl_4 的饱和蒸气压。

(2) 学会用图解法求算所测温度范围内 CCl_4 的平均摩尔气化热。

(3) 熟悉恒温水浴的结构及使用方法。

二、实验原理

基本知识：饱和蒸气压，沸点，正常沸点。

液体饱和蒸气压 p 与热力学温度 T 的关系可用克劳修斯-克拉贝龙方程表示：

$$\frac{\mathrm{d}\ln p}{\mathrm{d}T}=-\frac{\Delta_{\mathrm{vap}}H_{\mathrm{m}}^{\ominus}}{RT^2} \tag{4-1}$$

式中　p —— 液体在温度 T 时的饱和蒸气压（kPa）；

T —— 热力学温度(K)；

$\Delta_{\mathrm{vap}}H_{\mathrm{m}}^{\ominus}$ —— 温度 T 时液体的摩尔标准汽化热($\mathrm{J\cdot mol^{-1}}$)；

R —— 摩尔气体常数($8.314\ \mathrm{J\cdot mol^{-1}\cdot K^{-1}}$)。

当温度变化范围不大时，$\Delta_{\mathrm{vap}}H_{\mathrm{m}}^{\ominus}$ 可看做常数，积分式(4-1)得

$$\ln p=-\frac{\Delta_{\mathrm{vap}}H_{\mathrm{m}}^{\ominus}}{R}\cdot\frac{1}{T}+C \tag{4-2}$$

式中，C 为积分常数。从式(4-2)可知，以 $\ln p$ 对 $\frac{1}{T}$ 作图可得一条直线，直线的斜率为 $-\frac{\Delta_{\mathrm{vap}}H_{\mathrm{m}}^{\ominus}}{R}$，根据斜率即可计算出实验中液体的平均摩尔标准气化热。

测定液体饱和蒸气压一般有 3 种方法：静态法、动态法和气流法，但以静态法准确性较高。本实验采用静态法，即将待测液体放在一个密闭的体系中，在不同温度下直接测量其饱和蒸气压。

实验使用平衡管玻璃仪器进行测量，实验装置如图 4-1 所示。平衡管由 3 个连通的玻璃管 a，b，c 组成，a 管内装入待测液体，b，c 管下部相通，也装有该待测液。实验时，a，c 管上部相连部分应充满纯的待测液体的蒸气，b，c 管的液面处于同一水平面时，则表示 a，c 管上面的蒸气压与 b 管液面上的外压相等。此时液体的温度即是体系的气液平衡温度(由温度计读出)，该压力即为该液体在此温度下的饱和蒸气压(由真空表或"U"形压力计读数得到)。

三、操作步骤

(1) 装置仪器，按图 4-1 所示连接好装置。平衡管装液体的方法：先将平衡管洗净烘干，然后用酒精灯烘烤 a 管，将内部空气赶出，并将 b 管迅速插入盛有 CCl_4 的烧杯中，冷却 a 管，CCl_4 液体即被吸入，反复操作数次，使 a 管内液体约占 2/3，b，c 管内液体约占 1/3。

(2) 检查仪器是否漏气。接通电源，开动抽气泵，旋转三通活塞使系统与抽气泵相通，降低系统的压力，当系统压力降低 40 kPa 时，关闭活塞，观察真空表或"U"形压力计一臂读数，若在 5 min 内无变化则表示无漏气现象；若有变化则说明系统漏气，应仔细检查各接口处的密封

性，直到不漏气为止。检查完毕，旋转三通活塞，使系统与外界大气相通。

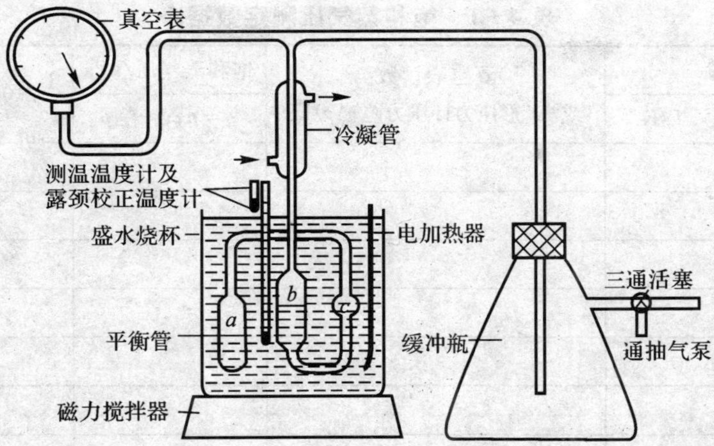

图 4-1　纯液体饱和蒸气压测定装置示意图

(3) 除去 a，c 管内空气。将平衡管全部浸入水浴中，接通冷凝水，开启水浴搅拌器并进行加热。随着温度升高，平衡管内不断有气泡从 b 管中冒出，此为 CCl_4 蒸气和 a，c 管内空气。当恒温水浴的温度达到 80℃ 时，停止加热，恒温 5 min，使 a，c 管内的空气被赶净，保证 a，c 管内的气体是纯的 CCl_4 蒸气。若 a，c 管内存有部分空气，则 a，c 管内液面上的气相压力并非纯的 CCl_4 蒸气压，而是 CCl_4 和空气的压力之和。

(4) 大气压下 CCl_4 沸点的测定。除去 a，c 管内的空气后，停止加热，不断降低水浴温度，当降低到一定程度时，气泡逐渐消失，c 管液面开始上升，同时 b 管液面下降。当 b，c 两管的液面达到同一水平时，立即记录此时的温度和大气压力。

重复(3)，(4) 两步操作。若两次测定的温度一致，迅速转动三通活塞与抽气泵略微相通，缓慢进行减压，防止空气倒灌，进行下面的实验。若测定温度不一致，则说明 a，c 管内空气没有赶净，必须重新操作直至赶净空气为止。

(5) 不同压力下 CCl_4 沸点的测定。打开抽气泵，旋转三通活塞，使系统缓慢减压，当系统压力比大气压降低 5 ～ 7 kPa，液体将重新沸腾，又有气泡从平衡管冒出，继续降低水温。当温度降低到一定程度时 b，c 液面将处于同一水平面，记录此时的温度及真空表读数或"U"形压力计的压力差。

重复上述操作，每次使系统减压 5～7 kPa，直到水浴温度下降至 50℃左右，停止实验。并再次读取大气压力。

四、数据记录与处理

(1) 记录数据。

室温：＿＿＿＿＿＿℃；实验开始时大气压：＿＿＿＿＿＿ kPa；

实验结束时大气压：＿＿＿＿＿＿ kPa；大气压平均值：＿＿＿＿＿＿ kPa。

数据记录如表 4-1 所示。

(2) 以 $\lg p$ 对 $1/T$ 作图得一直线，由直线斜率求出 CCl_4 在实验温度范围内的平均摩尔气化热。

(3) 在 $\lg p - 1/T$ 图中，外推到压力为 101.325 kPa 时 CCl_4 液体的沸点。

表 4-1 饱和蒸气压测定数据表

序号	温度		真空表读数（或“U”形压力计压力差）Δp/kPa	饱和蒸气压/kPa	$\frac{1}{T}/10^{-3}K^{-1}$	$\lg p$
	t/℃	T/K		$p=\bar{p}_{大气}-\Delta p$		
1						
2						
3						
4						
5						
6						
7						
8						

五、学习掌握有关操作

平衡管装液体；仪器安装；真空泵的使用；检查仪器是否漏气的操作；减压操作恒温水浴使用方法：

(1)先将冷水或接近使用温度的清水放入玻璃缸内，分别安装好电动搅拌器及电热管和控温仪，然后接通电源。

(2)电动搅拌器转速的调节：启动时先拨动变速器开关从低速转向高速，逐挡加快至中挡，转速约为 1 000 $r \cdot min^{-1}$，高挡由于转速过快，不宜在水浴中使用，一般在中挡最适宜。

(3)开启电源开关后，白灯即发光，表示水浴加热，到达所需要温度时，白灯熄灭，红灯发光，表示停止加热。

(4)将恒温控制仪测量转化开关拨到“满”处，然后调整“校满”电位器，使电表指针与满量程刻度线重合。将感温元件头部良好地与待测部位接触，然后将测量转换开关拨到“测”处，此时测温仪表指示的温度值即为被测温度。

六、注意事项

实验中当 b,c 管液面处于同一水平面时应立即进行降压，以免空气从 b 管进入到 c 管中。实验时要求熟练掌握每步操作，动作要迅速，两名同学必须密切配合，分工协作。

七、思考题

(1) 本实验的装置中，缓冲瓶的作用是什么？

(2) 实验中为什么要赶净 a,c 管液面上的空气，若 a,c 管液面上有空气则对实验有何影响？实验中是如何赶净空气的？

(3) 本实验采用什么方法赶净空气？

(4) 在实验过程中如何防止空气倒灌?

(5) 为什么本实验测得的结果是平均摩尔汽化热?

(6) 本实验用什么方法测定液体的饱和蒸气压?

(7) 怎样检查整个系统是否漏气?

(8) 怎样检查局部系统是否漏气?

(9) 何时读取开口"U"形压力计的读数?

(10) 开口"U"形压力计的读数是不是液体的饱和蒸气压?

(11) 为什么平衡管必须全部置于恒温水浴水面之下?

(12) 当骤然降压太大时,B 管液面会产生什么现象?

(13) 实验所用大气压数值应该如何取?

实验 4　凝固点降低法测摩尔质量

一、实验目的

(1) 用凝固点降低法测定萘的摩尔质量。

(2) 通过实验掌握凝固点降低法测定摩尔质量的原理,加深对稀溶液依数性质的理解。

二、实验原理

稀溶液具有依数性,凝固点降低是依数性的一种表现。稀溶液的凝固点降低与溶液成分关系的公式为

$$\Delta T_f = \frac{R(T_f)^2}{\Delta_f H_m(A)} x_B = \frac{R(T_f)^2}{\Delta_f H_m(A)} \times \frac{n_B}{n_A + n_B} \approx \frac{R(T_f)^2}{\Delta_f H_m(A)} \times M_A \times b_B = K_f \times b_B \tag{4-3}$$

式中,ΔT_f 为凝固点降低值;T_f 为纯溶剂 A 的凝固点;$\Delta_f H_m(A)$ 为纯溶剂 A 的摩尔凝固热;x_B 为溶液中溶质的摩尔分数;M_A 是溶剂 A 的摩尔质量;b_B 是溶质的质量摩尔浓度,是指每千克溶剂中所含溶质的摩尔数,单位为 $mol \cdot kg^{-1}$;K_f 称质量摩尔凝固点降低常数,其数值只与溶剂的性质有关,单位为 $K \cdot kg \cdot mol^{-1}$。

若已知某种溶剂的凝固点降低常数 K_f,并测得该溶液的凝固点降低值,以及溶剂和溶质的质量 W_A,W_B,就可以由式(4-3) 推得如下的计算溶质 B 的摩尔质量的公式:

$$M_B = \frac{K_f W_B}{\Delta T_f W_A} \tag{4-4}$$

纯溶剂的凝固点是其液固共存的平衡温度。将纯溶剂逐步冷却时,在未凝固之前温度将随时间均匀下降,开始凝固后由于放出凝固热而补偿了热损失,体系将保持液固两相共存的平衡温度不变,直到全部凝固,再继续均匀下降(见图 4-2 中曲线 a)。但在实际过程中经常发生过冷现象,其冷却曲线如图 4-2 曲线中 b 所示。对溶液来说除温度外,尚有溶液的浓度问题。与凝固点相应的溶液浓度,应该是平衡浓度,当有溶剂凝固析出时,剩下溶液的浓度逐渐增大,因而溶液的凝固点也逐渐下降(见图 4-2 中曲线 c),考虑到溶剂较多,通过控制过冷程度,使析出的晶体很少,就可以以过冷回升的温度作凝固点,用起始浓度代替平衡浓度,一般不会产生大的误差(见图 4-2 中曲线 d)。如果过冷太甚,凝固的溶剂过多,溶液的浓度变化过

大，则出现图 4－2 中曲线 e 所示的情况，这样就会使凝固点的测定结果偏低，但可采用外推法进行校正(见图 4－2 中曲线 f)。

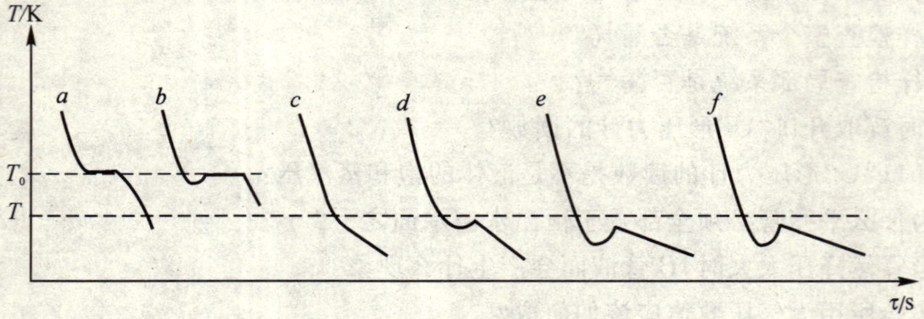

图 4－2　冷却曲线图

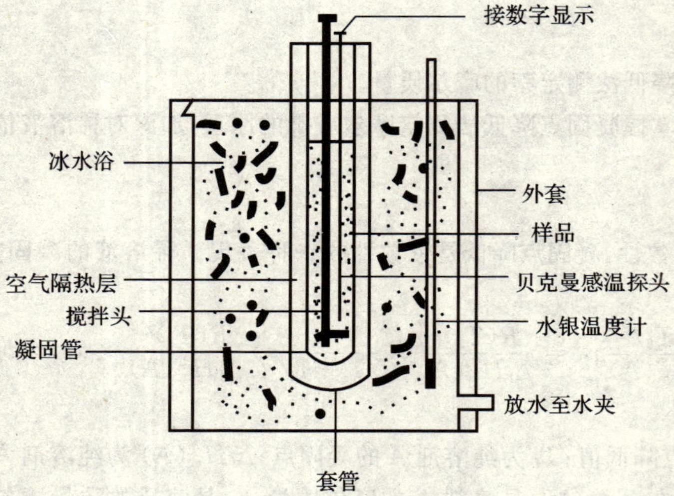

图 4－3　凝固点降低实验装置图

三、仪器和试剂

凝固点测定装置和数显贝克曼温度计各一套；纯萘丸；环己烷(分析纯)；硫酸纸两片，25 mL移液管一支，碎冰或颗粒冰。

四、实验步骤

(1) 按照图 4－3 将凝固点测定装置安装好，并插好数显贝克曼温度计的感温探头，注意插入的深度要留有一点余地，以免将玻璃管捅破。

(2) 冰浴的温度为 3.5℃左右。一般来讲，冬天宜水多于冰，夏天宜冰、水各半，至于具体的度，要根据当时的室内温度进行调节。

(3) 测定纯溶剂的凝固点。抽出数显贝克曼温度计的感温探头(留心记下插入的深度记号)，用移液管取 25 mL 环己烷加入口径小些的内凝固管中(在它的外围已套有一个空气套管)，将装有内管的外管直接浸入冰浴中，插回贝克曼温度计的感温探头。开启搅拌按钮、贝克曼温度计的电源和读数按钮，降温、控制冷却速度，选择恰当的时刻开始计时读数（如有条件，可两组使用一台计算机，用该实验配套的软件进行机器自动读数和生成图形），不要停止搅拌。若温度不再下降，反而略有回升，说明此时晶体已开始析出，直到温度升至最高恒定一会儿时间，记下最低时的温度和恒定温度。

用手温热凝固管，使环己烷晶体全部熔化，重新置凝固管于冰浴中，如上述方法操作重复进行3次。如果在测量过程中过冷现象比较严重，可加入少量环己烷的晶种，促使其晶体析出，温度回升（也可采用留晶种的方法，即在晶体熔化时，留一点晶体在管壁上不让其全部熔化，待体系冷至粗测的最低温度时，再将其拨下）。

（4）用分析天平和指定的硫酸纸准确称量萘丸片（约0.2 g），投入凝固管内，用玻璃棒捣碎、搅拌，使其溶解。

注意：不要将萘随便洒落、遗弃在台面和地上。同上法测该溶液的凝固点，重复测定3次。

五、实验注意事项

注意控制过冷过程和搅拌速度；注意冰水混合物不要积累得太多而从上面溢出；高温、高湿季节不宜做此实验，因为水蒸气易进入体系中，造成测量结果偏低；不要使环己烷在管壁结成块状晶体。较简便的方法是将外套管从冰浴中交替地（速度较快）取出和浸入。

六、数据处理

（1）用 $\rho_t/(\mathrm{g\cdot cm^{-3}})=0.797\,1-0.887\,9\times10^{-3}t$ 计算室温 t 时环己烷的密度，然后算出所取的环己烷的质量 W_A。

（2）由测定的纯溶剂、溶液凝固点，计算萘的摩尔质量。

七、思考题

（1）在冷却过程中，凝固点管内液体有哪些热交换存在？它们对凝固点的测定有何影响？

（2）为什么要用空气夹套？

（3）当溶质在溶液中有离解、缔合以及络合物生成的情况下对分子量的测定值有何影响？

实验5　电离平衡与沉淀反应

一、实验目的

（1）加深对电离平衡及同离子效应的理解。

（2）学习配制缓冲溶液并了解缓冲溶液的缓冲作用。

（3）掌握溶度积规则及应用。

（4）学习液体与固体的分离（离心分离法和过滤法）；巩固pH计的使用。

（5）培养自己设计实验方案的能力。

二、实验原理

弱电解质在水溶液中部分电离，一定条件下将建立平衡，称为电离平衡。在弱电解质溶液中，加入含有相同离子的另一种强电解质时，电离平衡将发生移动，使弱电解质电离程度减小，这种效应称为同离子效应。

在弱酸及其盐或弱碱及其盐的混合溶液中，加入少量酸或碱或将其适当稀释时，溶液的pH值基本上保持不变，这种溶液称为缓冲溶液。对于酸性缓冲体系在难溶电解质的饱和溶液中，未溶解的固体与溶解的离子之间建立的平衡称为沉淀-溶解平衡，也称为多相离子平衡，表现为：溶液未饱和，无沉淀析出，若有沉淀存在，则沉淀溶解。

若溶液中含有多种离子，逐滴加入某种试剂可与溶液中的几种离子发生反应，先后生成沉淀，这种现象称为分步沉淀。根据溶度积规则可判断沉淀生成的顺序，溶液中离子积先达到溶度积的先沉淀。

对于含有一些金属离子的混合溶液，可以控制溶液的pH值，利用分步沉淀的原理，使其中某种离子以氢氧化物或硫化物沉淀的形式从混合溶液中分离出来。

一种沉淀转化为另一种沉淀的过程称为沉淀的转化，溶解度较大的难溶电解质可转化为溶解度较小的难溶电解质。

三、仪器与试剂

仪器：试管架，普通试管，离心试管，离心机，酸度计，烧杯（50 cm^3），漏斗，漏斗架，滤纸，玻棒。

试剂：HAc（1 $mol \cdot dm^{-3}$）；HCl（2 $mol \cdot dm^{-3}$，0.1 $mol \cdot dm^{-3}$）；

$NaOH$（1 $mol \cdot dm^{-3}$，0.1 $mol \cdot dm^{-3}$）；

$NH_3 \cdot H_2O$（0.1 $mol \cdot dm^{-3}$，2 $mol \cdot dm^{-3}$）；

NH_4Cl（0.1 $mol \cdot dm^{-3}$，1 $mol \cdot dm^{-3}$）；K_2CrO_4（0.1 $mol \cdot dm^{-3}$）；

NaAc（1 $mol \cdot dm^{-3}$）；$CuSO_4$（0.1 $mol \cdot dm^{-3}$）；$Pb(NO_3)_2$（0.1 $mol \cdot dm^{-3}$）；

PbI_2（饱和）；$Fe(NO_3)_3$（0.05 $mol \cdot dm^{-3}$）；$FeCl_3$（0.1 $mol \cdot dm^{-3}$）；

$MgCl_2$（0.05 $mol \cdot dm^{-3}$，0.1 $mol \cdot dm^{-3}$）；$MnSO_4$（0.1 $mol \cdot dm^{-3}$）；

$NiSO_4$（0.1 $mol \cdot dm^{-3}$）；NH_4SCN（0.1 $mol \cdot dm^{-3}$）；Na_2S（0.1 $mol \cdot dm^{-3}$）；

$AgNO_3$（0.1 $mol \cdot dm^{-3}$）；NH_4Ac(s)酚酞溶液；甲基橙溶液；pH试纸。

四、实验内容

1. 同离子效应

(1) 在试管中加入1 cm^3的$NH_3 \cdot H_2O$（0.1 $mol \cdot dm^{-3}$）溶液，再加一滴酚酞溶液，观察溶液显什么颜色？再加少量NH_4Ac固体，振荡试管使其溶解，观察溶液颜色有何变化？说明原因。

(2) 设计：用HAc溶液和NH_4Ac固体及适当指示剂做实验，说明同离子效应。

(3) 在试管中加入1 cm^3的PbI_2（饱和）溶液，然后滴加数滴KI（0.1 $mol \cdot dm^{-3}$）溶液，振荡试管，观察有何现象？解释原因。

2. 沉淀的生成与溶解

(1) 根据实验条件计算离子积，然后用溶度积规则判断下列溶液是否有沉淀生成，并用实验证明之。

在两支干燥试管[①]中加入 10 滴 $Pb(NO_3)_2$（0.1 mol·dm^{-3}）溶液，然后分别加入 10 滴 NaCl（0.2 mol·dm^{-3}）和 NaCl（0.01 mol·dm^{-3}）溶液，放置片刻观察实验现象。必要时用玻璃棒摩擦试管壁。

（2）在两支试管中分别加入 1 cm^3 $Fe(NO_3)_3$（0.05 mol·dm^{-3}）溶液和 1 cm^3 $MgCl_2$（0.050 mol·dm^{-3}）溶液，然后向试管中逐滴加入 NaOH（0.1 mol·dm^{-3}）溶液并摇动试管，仔细观察至刚出现沉淀为止。然后用 pH 试纸检查溶液的 pH 值，记下开始沉淀时溶液的 pH 值。说明原因。

（3）在 0.5 cm^3 $CuSO_4$（0.1 mol·dm^{-3}）溶液中滴加 $NH_3 \cdot H_2O$（0.1 mol·dm^{-3}），观察沉淀的生成。再滴加 $NH_3 \cdot H_2O$ 至沉淀完全溶解，解释现象。

（4）取 1 cm^3 $MgCl_2$（0.1 mol·dm^{-3}）溶液于试管中，加入 $NH_3 \cdot H_2O$（2 mol·dm^{-3}）数滴，观察是否有沉淀生成？再向此溶液中加入数滴 NH_4Cl（1 mol·dm^{-3}）溶液，观察沉淀是否溶解？说明原因。

3. 沉淀的转化

用浓度均为 0.1 mol·dm^{-3} 的 K_2CrO_4 溶液和 $AgNO_3$ 溶液制备 Ag_2CrO_4 沉淀，观察沉淀颜色。离心分离，洗净沉淀，试验 Ag_2CrO_4 沉淀能否与 KI（0.1 mol·dm^{-3}）发生反应？注意沉淀及溶液颜色的变化。解释观察到的现象。

4. 金属离子的沉淀分离

如果实验时间不够，可在下列实验中任意选做一个。

（1）以氢氧化物沉淀进行分离。往一只小烧杯中加入 18 cm^3 $NiSO_4$（0.1 mol·dm^{-3}）溶液和 2 cm^3 $FeCl_3$（0.1 mol·dm^{-3}）溶液，搅拌均匀，组成含有 Ni^{2+} 和 Fe^{3+} 的混合溶液。往混合溶液中滴加 1 mol·dm^{-3} NaOH 溶液，边滴边搅拌，边测定溶液的 pH 值，直至溶液的 pH 值约为 5 时止。用贴有滤纸的漏斗过滤沉淀。取少量滤液检验其中是否含有 Fe^{3+}（使用什么试剂来检验?）；另取少量滤液继续滴加 NaOH 溶液，直至沉淀开始析出，记录这时溶液的 pH 值与沉淀颜色。

（2）以硫化物沉淀进行分离。往一只小烧杯中加入 18 cm^3 $MnSO_4$（0.1 mol·dm^{-3}）溶液和 2 cm^3 $CuSO_4$（0.1 mol·dm^{-3}）溶液，搅拌均匀，组成含有 Mn^{2+} 和 Cu^{2+} 的混合溶液。往混合溶液中滴加 0.1 mol·dm^{-3} Na_2S 溶液，边滴边搅拌，边测定溶液的 pH 值，直至溶液 pH 值约为 2 时停止。过滤，取少量滤液继续滴加 Na_2S 溶液，直至沉淀析出。记录该沉淀的颜色。

5. 分步沉淀

设计：用 KCl（0.10 mol·dm^{-3}）溶液，K_2CrO_4（0.10 mol·dm^{-3}）溶液，$AgNO_3$（0.10 mol·dm^{-3}）溶液实现分步沉淀。写出实验步骤、实验现象，用计算结果加以解释。

五、思考题

（1）什么叫同离子效应？

（2）常见的缓冲溶液有几种类型？配制缓冲溶液应注意哪些问题？

---

① 试管烤方法。试管烤干前须擦去表面水珠，管内水珠也应尽量甩干。用试管夹夹住试管上部，试管口向下约与水平位置成 60°倾角。移动试管，从管底到管口逐渐接触火焰，使试管各部分受热均匀，赶掉试管内水汽。将试管口集聚的水珠擦干。烤烧到管内看不见水珠时，试管口朝上，自然冷却后备用。

(3) 试举一例从理论上如何计算氢氧化物沉淀与溶液 pH 值的关系？

(4) 在进行分步沉淀和沉淀转化实验时，获得的沉淀常需用水洗涤，为什么？

实验 6　甲基红的酸离解平衡常数的测定

一、实验目的

(1) 测定甲基红的酸离解平衡常数。

(2) 掌握 723 型分光光度计和 pHS—2 型 pH 计的使用方法。

二、实验原理

甲基红(对-二甲氨基-邻-胺基偶氯苯)的分子式为

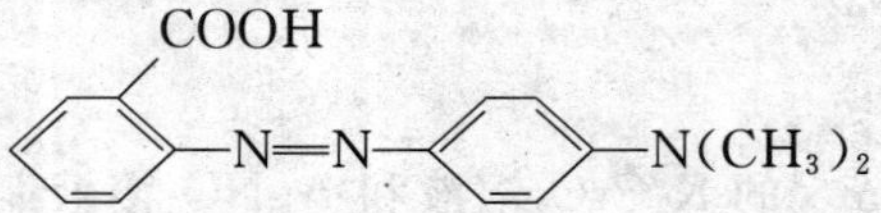

是一种弱酸型的染料指示剂，具有酸(HMR)和碱(MR)两种形式，它在溶液中部分电离，在碱性溶液中呈黄色，酸性溶液中呈红色。在酸性溶液中它以两种离子形式存在：

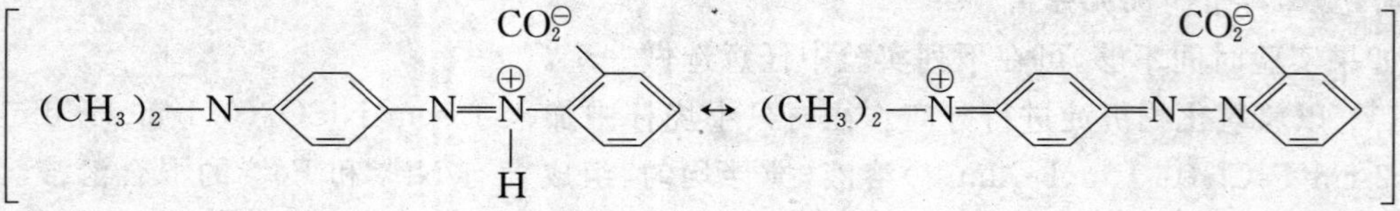

酸(HMR)-红

$OH^{\ominus} \rightleftharpoons H^{\oplus}$

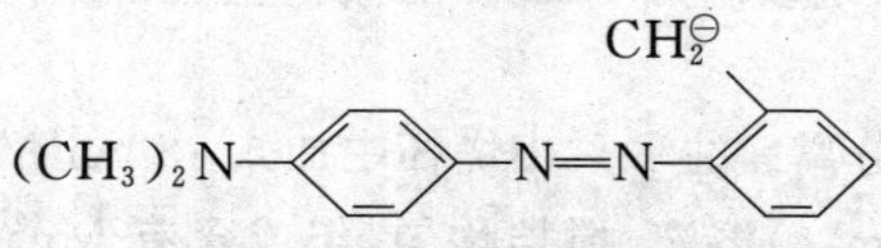

碱(MR^-)－黄

简写为　　　　$HMR \rightleftharpoons H^+ + MR^-$

其离解平衡常数

$$K=\frac{c(H^+)c(MR^-)}{c(HMR)} \tag{4-5}$$

$$pK=pH-\lg\frac{c(MR^-)}{c(HMR)} \tag{4-6}$$

由于 HMR 和 MR 两者在可见光谱范围内具有强的吸收峰，溶液离子浓度的变化对它的酸离解平衡常数没有显著的影响，而且在简单 $CH_3COOH-CH_3COONa$ 缓冲体系中就很容易使颜色在 pH＝4～6 范围内改变，因此比值 $c(MR^-)/c(HMR)$ 可用分光光度法测定而求得。

对一化学反应平衡体系，分光光度计测得的光密度包括各物质的贡献，由朗伯-比尔定律，有

$$D=-\lg\frac{I}{I_0}=\alpha cl \tag{4-7}$$

当 c 的单位为 $mol\cdot L^{-1}$，l 的单位为 cm 时，α 为摩尔吸光系数。由此可推知甲基红溶液中总的光密度为

$$D_A=\alpha_{A,HMR}c(HMR)\tau+\alpha_{A,MR^-}c(MR^-)\tau \tag{4-8}$$

$$D_B=\alpha_{B,HMR}c(HMR)\tau+\alpha_{B,MR^-}c(MR^-)\tau \tag{4-9}$$

D_A，D_B为在 HMR 和 MR 的最大吸收波长处所测得的总的吸光度。$\alpha_{A,HMR}$，α_{A,MR^-} 和 $\alpha_{B,HMR}$，α_{B,MR^-}，分别为在波长 λ_A 和 λ_B 下的摩尔吸光系数。各物质的摩尔吸光系数值可由作图法求得。例如首先配制出 pH≈2 的具有各种浓度的甲基红酸性溶液，在波长 λ_A 分别测定各溶液的光密度 D，作 $D-c$ 图，得到一条通过原点的直线。由直线斜率可求得 $\alpha_{A,HMR}$ 值，其余摩尔吸光系数求法类同，从而求出 $c(MR^-)$ 与 $c(HMR)$ 的相对量。再测得溶液 pH 值，最后按式(4-5)求 K 值。

三、仪器与试剂

仪器：723 型分光光度计一台(带有自制恒温夹套)，PHS—2 型 pH 计一台，100 mL 容量瓶六个，10 mL 移液管三支，0～100℃温度计一支。

试剂：甲基红储备液：0.5 g 晶体甲基红溶于 300mL95％的乙醇中，用蒸馏水稀释至 500mL。

标准甲基红溶液：取 8mL 储备液加 50mL 的乙醇稀释至 100mL。

pH 值为 6.84 的标准缓冲溶液。

0.04 $mol\cdot L^{-1}$ 和 0.01 $mol\cdot L^{-1}$ 的醋酸钠溶液，0.02 $mol\cdot L^{-1}$ 和 0.01 $mol\cdot L^{-1}$ 的醋酸溶液，0.1 $mol\cdot L^{-1}$ 和 0.01 $mol\cdot L^{-1}$ 的盐酸。

四、实验步骤

(1) 测定甲基红酸式(HMR)和碱式(MR^-)的最大吸收波长。测定下述两种甲基红总浓度相等的溶液的光密度随波长的变化，即可找出最大吸收波长。

第一份溶液(A)：取 10mL 标准甲基红溶液，加 10 mL 0.1 $mol\cdot L^{-1}$ 的 HCl，稀释至 100 mL。此溶液的 pH 值大约为 2，因此此时的甲基红以 HMR 存在。

第二份溶液(B)：取 10mL 标准甲基红溶液和 25 mL 0.04 $mol\cdot L^{-1}$ CH_3COONa 溶液稀释至 100 mL，此溶液的 pH 值大约为 8，因此甲基红完全以 MR^- 存在。取部分 A 液和 B 液分别放在 1 cm 的比色皿内，在 350～600 nm 之间每隔 10 nm 测定它们相对于水的光密度。找出最大吸收波长。

(2) 检验 HMR 和 MR^- 是否符合比尔定律，并测定它们在 λ_A，λ_B 下的摩尔吸光系数。取部分 A 液和 B 液，分别各用 0.01 $mol\cdot L^{-1}$ 的 HCl 和 CH_3COONa 稀释至原溶液的 0.75，0.5，0.25 倍及原溶液，为一系列待测液，在 λ_A，λ_B 下测定这些溶液相对于水的光密度。由光密度对溶液浓度作图，并计算两波长下甲基红 HMR 和 MR^- 的 $\alpha_{A,HMR}$，α_{A,MR^-}，$\alpha_{B,HMR}$，α_{B,MR^-}。

(3) 求不同 pH 值下 HMR 和 MR^- 的相对量。在 4 个 100 mL 容量瓶中分别加入 10 mL 标准甲基红溶液和 25 mL 0.04 $mol\cdot L^{-1}$ 的 CH_3COONa 溶液，并分别加入 50 mL，25 mL，10 mL，5 mL 的 0.02 $mol\cdot L^{-1}$ 的 CH_3COOH，然后用蒸馏水定容。测定两波长下各溶液的

光密度 D_A，D_B，用 pH 计测定溶液的 pH 值。

由于光密度是 HMR 和 MR^-之和，所以溶液中 HMR 和 MR^- 的相对量用式(4－8)和式(4－9)求得。再代入式(4－6)，可计算出甲基红的酸离解平衡常数 pK。

五、数据记录和处理

数据记录和处理如表 4－2 所示。

表 4－2　甲基红酸解离常数的测定数据表　　温度　℃

序号	$\frac{c(MR^-)}{c(HMR)}$	$\lg\frac{c(MR^-)}{c(HMR)}$	pH	pK
1				
2				
3				
4				

六、思考题

(1)在本实验中，温度对实验有何影响？采取什么措施可以减少这种影响？

(2)甲基红酸式吸收曲线与碱式吸收曲线的交点称为"等色点"，讨论此点处光密度与甲基红浓度的关系。

(3)为什么要用相对浓度？为什么可以用相对浓度？

(4)在光密度测定中，应该怎样选择比色皿？

实验 7　有机酸摩尔质量的测定

一、实验目的

(1)进一步熟悉差减称量法的基本要点。

(2)了解以滴定分析法测定酸碱物质摩尔质量的基本方法。

(3)巩固用误差理论处理分析结果的理论知识。

二、实验原理

有机弱酸与 NaOH 反应方程式为

$$n\text{NaOH}+\text{H}_n\text{A}=\text{Na}_n\text{A}+n\text{H}_2\text{O}$$

当多元有机酸的逐级解离常数均符合准确滴定的要求时，可以用酸碱滴定法，根据下述公式计算其摩尔质量：

$$M_A=\frac{m_A}{\frac{a}{b}c_B N V_B}$$

式中，a/b 为滴定反应的化学计量数比，本实验应为 $1/n$；c_B及 V_B分别为 NaOH 的物质的量浓度及滴定所消耗的体积；m_A为称取的有机酸的质量。测定时，n 值须为已知。

三、仪器与试剂

仪器：酸式滴定管，三角烧瓶（50 mL），容量瓶（100 mL），烧杯（50 mL），移液管（25 mL）。

试剂：NaOH（0.1 mol/L）；酚酞指示剂（2 g/L 乙醇溶液）；邻苯二甲酸氢钾基准物质，在105～110℃干燥 1 h 后，置于干燥器中备用；有机酸试样：如草酸、酒石酸、柠檬酸、乙酰水杨酸、苯甲酸等。

四、实验内容

1. 0.1 mol·L^{-1}NaOH 溶液的标定

用邻苯二甲酸氢钾基准物质标定，平行测定 7 次，求得 NaOH 溶液的平均浓度c(NaOH)，并计算各项分析结果的相对偏差及平均相对偏差，若平均相对偏差大于 0.2%，应征得老师同意并找出原因后，重新标定。

2. 有机酸摩尔质量的测定

用指定质量称量法准确称取有机酸试样一份于 50 mL 烧杯中，加水溶解，定量转入100 mL容量瓶中，用水稀释至刻度，摇匀。

用 25.00 mL 移液管平行移取 3 份，分别放入 250 mL 锥形瓶中，加酚酞指示剂两滴，用NaOH 标准溶液滴定至由无色变为微红色，30 s 内不褪色即为终点。根据公式计算有机酸摩尔质量 M_A。

五、思考题

(1)在用 NaOH 滴定有机酸时能否使用甲基橙作为指示剂？为什么？

(2)草酸、柠檬酸、酒石酸等多元有机酸能否用 NaOH 溶液分步滴定？

(3) $Na_2C_2O_4$能否作为酸碱滴定的基准物质？为什么？

(4)称取 0.4 g $KHC_8H_4O_4$溶于 50 mL 水中，问此时溶液 pH 值为多少？

实验 8　乙酸解离度和解离常数的测定

一、目的要求

(1)学习用 pH 计法测定乙酸解离度和解离常数的原理和方法。

(2)加深对弱电解质解离平衡的理解。

(3)学会 pH 计、滴定管和容量瓶的使用方法。

(4)掌握缓冲溶液的性质及配制方法。

二、实验原理

乙酸是弱电解质，在水溶液中部分解离，存在下列平衡：

$$HAc(aq) \rightleftharpoons H^+(aq) + Ac^-(aq)$$

$$K_a^\ominus(HAc) = \frac{c(H^+)/c^\ominus \cdot c(Ac^-)/c^\ominus}{c(HAc)/c^\ominus} \tag{4-10}$$

式中，$c(H^+)$，$c(Ac^-)$，$c(HAc)$分别为 H^+，Ac^-，HAc 的平衡浓度（mol·L^{-1}）；$c^\ominus$为标准浓度

(即 1 mol·L^{-1})。

若以 c_0代表乙酸的起始浓度,则 $c(HAc)=c_0-c(H^+)$,而 $c(H^+)=c(Ac^-)$,将此代入式(4-10)即得

$$K_a^{\ominus}(HAc)=\frac{[c(H^+)/c^{\ominus}]^2}{[c_0-c(H^+)]/c^{\ominus}}$$

乙酸的解离度 α

$$\alpha=\frac{c(H^+)/c^{\ominus}}{c_0/c^{\ominus}}$$

本实验用 pH 计测定已知浓度的 pH 值,利用以上公式可求得 $K_a^{\ominus}$ 和 α。

配制缓冲溶液,首先是选择合适的缓冲对。

$$pH=pK_a^{\ominus}-\lg\frac{c(A)/c^{\ominus}}{c(B)/c^{\ominus}}=pK_a^{\ominus}-\lg\frac{c_0(A)/c^{\ominus}\cdot V(A)/V}{c_0(B)/c^{\ominus}\cdot V(B)/V}$$

式中 $c(A)$,$c(B)$—— 分别为酸 A 和共轭碱 B 混合后的浓度(mol·L^{-1});

$c_0(A)$,$V(A)$—— 酸 A 的原始浓度(mol·L^{-1})和体积(mL);

$c_0(B)$,$V(B)$——共扼碱 B 的原始浓度和体积(mol·L^{-1}和 mL);

V —— 缓冲溶液的总体积(mL)。

根据所需配制缓冲溶液的 pH 值和总体积,选择合适的 $pK_a^{\ominus}$ 的缓冲对,由提供的共扼酸、碱的浓度,即可分别求得 $V(A)$和 $V(B)$。

三、仪器与试剂

仪器:pHS—25 型酸度计(原理和使用方法参见第 3 章),精密 pH 试纸,移液管(25 mL),刻度移液管(10 mL,5 mL),50 mL 烧杯(需干燥)。

试剂:HAc (0.1 mol/L,浓度已标定),HAc (0.5 mol/L),NaAc(0.5 mol/L),NaOH (0.2 mol/L);HCl (0.2 mol/L)。

四、操作步骤

1. 不同浓度的乙酸溶液的配制

用酸式滴定管分别取 36.00 mL,24.00 mL,12.00 mL,6.00 mL 已经标定的乙酸溶液于 4 个洁净的 50 mL 容量瓶中,再用蒸馏水稀释至刻度,摇匀并计算每份乙酸溶液的浓度。

2. 乙酸溶液 pH 值的测定

用 5 只洁净干燥的 50 mL 烧杯,分别取 20 mL 左右上述 4 种浓度的乙酸溶液及一份未稀释的乙酸标准溶液(若烧杯不干燥,可用所盛乙酸溶液淋洗 2~3 次,然后再倒入该溶液)。按由稀到浓的顺序在 pH 计上分别测定它们的 pH 值,记录各溶液的 pH 值和实验温度,并将 pH 值换算成 $c(H^+)$。

3. 缓冲溶液的配制和性质

欲配制 pH=4.1 的缓冲溶液 100 mL,实验室现有 0.5 mol·L^{-1}HAc 和 0.5 mol·L^{-1} NaAc 溶液。计算各需多少毫升乙酸和 NaAc 溶液。配制好所需缓冲溶液后,分别用 pH 计测定其 pH 值。

各取 30mL 上述配制好的缓冲溶液分别置于两只洁净的 50mL 烧杯中,一份加入 1 mL 0.2 mol·L^{-1}NaOH 溶液;另一份加入 1 mL 0.2 mol·L^{-1} HCl 溶液,分别用 pH 计测定其

pH 值。

将剩余的配制好的缓冲溶液加入 40mL 蒸馏水稀释，再用 pH 计测定其 pH 值。

四、数据记录与处理

本实验数据记录与处理见表 4-3。

表 4-3　乙酸解离度和解离常数测定数据表　　　　温度　　℃

乙酸溶液编号	$c_0/(\mathrm{mol\cdot L^{-1}})$（乙酸的起始浓度）	pH	$c(\mathrm{H^+})/(\mathrm{mol\cdot L^{-1}})$	α	$K_a^{\ominus}(\mathrm{HAc})$	
					测定值	平均值

五、学习掌握有关操作

(1) 了解 pH 计的原理，掌握各种型号 pH 计的使用方法。

(2) 学习滴定管和容量瓶的使用方法。

六、思考题

(1) 若改变所测乙酸溶液的浓度，乙酸的解离度和解离常数有无变化？

(2) 测定一系列同种溶液的 pH 值时，测定顺序由稀到浓和由浓到稀，其结果可能有何不同？

(3) 如何确定 pH 计已校正好？

(4) 将 10 mL 0.2 $\mathrm{mol\cdot L^{-1}}$ HAc 溶液和 10 mL 0.1 $\mathrm{mol\cdot L^{-1}}$ NaOH 溶液混合后，所得溶液是否具有缓冲能力？

实验 9　化学反应速度、反应级数和活化能的测定

一、实验目的

(1) 了解浓度、温度和催化剂对反应速度的影响。

(2) 测定过二硫酸铵与碘化钾反应的平均反应速度、反应级数、速度常数和活化能。

二、实验原理

在水溶液中，过二硫酸铵与碘化钾发生如下反应：

$$(NH_4)_2S_2O_8 + 3KI = (NH_4)_2SO_4 + K_2SO_4 + KI_3$$

反应的离子方程式为

$$S_2O_8^{2-} + 3I^- = 2SO_4^{2-} + I_3^- \qquad (1)$$

该反应的平均反应速度与反应物浓度的关系可表示如下：

$$v=\frac{-\Delta c(S_2O_8^{2-})}{\Delta\tau}\approx kc(S_2O_8^{2-})^m c(I^-)^n \qquad (4-11)$$

式中，$\Delta c(S_2O_8^{2-})$为 $S_2O_8^{2-}$ 在 $\Delta\tau$ 时间内物质的量浓度的改变值；$c(S_2O_8^{2-})$，$c(I^-)$分别为两种离子初始浓度($mol\cdot dm^{-3}$)；k 为反应速度常数；m 和 n 为反应级数。

为了能够测定 $\Delta c(S_2O_8^{2-})$，在混合$(NH_4)_2S_2O_8$ 和 KI 溶液时，同时加入一定体积的已知浓度的 $Na_2S_2O_3$ 溶液和作为指示剂的淀粉溶液，这样在反应(1)进行的同时，也进行着如下的反应：

$$2S_2O_3^{2-}+I_3^-=S_4O_6^{2-}+3I^- \qquad (2)$$

反应式(2)进行得非常快，几乎瞬间完成，而反应(1)却慢得多，由反应式(1)生成的 I_3^- 立刻与 $S_2O_3^{2-}$ 作用生成无色的 $S_4O_6^{2-}$ 和 I^-，因此，在反应开始阶段，看不到碘与淀粉作用而显示出来的特有蓝色。但是一旦 $Na_2S_2O_3$ 耗尽，反应(1)继续生成的微量 I_3^-，立即使淀粉溶液显蓝色。所以蓝色的出现就标志着反应(2)的完成。

从反应式(1)和式(2)的计量关系可以看出，$S_2O_8^{2-}$ 浓度减少的量等于 $S_2O_3^{2-}$ 减少量的一半，即

$$\Delta c(S_2O_8^{2-})=\frac{\Delta c(S_2O_3^{2-})}{2}$$

由于 $S_2O_3^{2-}$ 在溶液显示蓝色时已全部耗尽，所以 $\Delta c(S_2O_3^{2-})$实际上就是反应开始时 $Na_2S_2O_3$ 的初始浓度。因此，只要记下从反应开始到溶液出现蓝色所需要的时间 $\Delta\tau$，就可求算反应式(1)的平均反应速度$-\frac{\Delta c(S_2O_8^{2-})}{\Delta\tau}$。

在固定 $\Delta c(S_2O_3^{2-})$，改变 $\Delta c(S_2O_8^{2-})$，$\Delta c(I^-)$的条件下进行一系列实验，测得不同条件下的反应速度，就能根据 $v=kc(S_2O_8^{2-})^m\cdot c(I^-)^n$ 的关系推出反应级数。

再由下式可进一步求出反应速度常数 k：

$$k=\frac{v}{c(S_2O_8^{2-})^m c(I^-)^n}$$

根据阿仑尼乌斯公式，反应速度常数 k 与反应温度有如下关系：

$$\lg k=\frac{-E_a}{2.303RT}+\lg A$$

式中，E_a为反应的活化能；R 为气体常数；T 为绝对温度。因此只要测得不同温度时的 k 值，以 $\lg k$ 对 $1/T$ 作图可得一直线，由直线的斜率可求得反应的活化能 E_a：

$$斜率=\frac{-E_a}{2.303R}$$

三、仪器和试剂

仪器：秒表，温度计(237～373K)。

药品：KI($0.20\ mol\cdot L^{-1}$)，淀粉溶液［0.2%(m)］，$Na_2S_2O_3$($0.010\ mol\cdot L^{-1}$)，KNO_3($0.20\ mol\cdot L^{-1}$)，$(NH_4)_2SO_4$($0.20\ mol\cdot L^{-1}$)，$(NH_4)_2S_2O_8$($0.20\ mol\cdot L^{-1}$)，$Cu(NO_3)_2$($0.020\ mol\cdot L^{-1}$)。

四、实验步骤

1. 浓度对反应速度的影响

室温下按表 4－4 编号 1 的用量分别量取 KI、淀粉、$Na_2S_2O_3$溶液于 150 mL 烧杯中，用玻璃棒搅拌均匀。再量取$(NH_4)_2S_2O_8$溶液，迅速加到烧杯中，同时按动秒表，立刻用玻璃棒将溶液搅拌均匀。观察溶液，刚一出现蓝色，立即停止计时。记录反应时间。

用同样方法进行编号实验 2～5。为了使溶液的离子强度和总体保持不变，在实验编号 2～5中所减少的 KI 或$(NH_4)_2S_2O_8$的量分别用 KNO_3和$(NH_4)_2SO_4$溶液补充。

表 4－4　反应速度测定的溶液配比

实验编号		1	2	3	4	5
试剂用量/mL	$0.20\ mol \cdot L^{-1}$ KI	20	20	20	10	5.0
	0.2%淀粉溶液	4.0	4.0	4.0	4.0	4.0
	$0.010\ mol \cdot L^{-1} Na_2S_2O_3$	8.0	8.0	8.0	8.0	8.0
	$0.20\ mol \cdot L^{-1} KNO_3$	/	/	/	10	15
	$0.20\ mol \cdot L^{-1} (NH_4)_2SO_4$	/	10	15	/	/
	$0.20\ mol \cdot L^{-1} (NH_4)_2S_2O_8$	20	10	5.0	20	20

2. 温度对反应速度的影响

按表 4－4 实验编号 4 的用量分别加入 KI、淀粉、$Na_2S_2O_3$和 KNO_3溶液于 150 mL 烧杯中，搅拌均匀。在一个大试管中加入$(NH_4)_2S_2O_8$溶液，将烧杯和试管中的溶液温度控制在 283 K 左右，把试管中的$(NH_4)_2S_2O_8$迅速倒入烧杯中，搅拌，记录反应时间和温度。

分别在 293 K，303 K 和 313 K 的条件下重复上述实验，记录反应时间和温度。

3. 催化剂对反应速度的影响

按表 4－4 实验编号 4 的用量分别加入 KI、淀粉、$Na_2S_2O_3$溶液于 150 mL 烧杯中，再加入两滴 $0.020\ mol \cdot L^{-1} Cu(NO_3)_2$溶液，搅拌均匀，迅速加入$(NH_4)_2S_2O_8$溶液，搅拌，记录反应时间。

四、数据记录与处理

(1) 列表记录实验数据。

(2) 分别计算编号 1～5 各个实验的平均反应速度，然后求反应级数和速度常数 k。

(3) 分别计算四个不同温度实验平均反应速度以及速度常数 k，然后以 $\lg k$ 为纵坐标，$1/T$为横坐标作图，求活化能。

(4) 根据实验结果讨论浓度、温度、催化剂对反应速度及速度常数的影响。

五、思考题

(1) 在向 KI、淀粉和 $Na_2S_2O_3$混合溶液中加入$(NH_4)_2S_2O_8$时，为什么必须越快越好？

(2) 在加入$(NH_4)_2S_2O_8$时，先计时后搅拌或者先搅拌后计时对实验结果各有何影响？

实验10　原电池电动势和电极电势的测定

一、实验目的

(1) 测定 Cu－Zn 原电池的电动势及 Cu,Zn 电极的电极电势。

(2) 学会几种电极和盐桥的制备方法。

(3) 掌握可逆电池电动势的测量原理和 UJ34 型电位差计的操作技术。

二、实验原理

凡把化学能转变为电能的装置称为化学电源(或电池、原电池)。电池是由两个电极和连通两个电极的电解质溶液组成的,如图 4－4 所示。

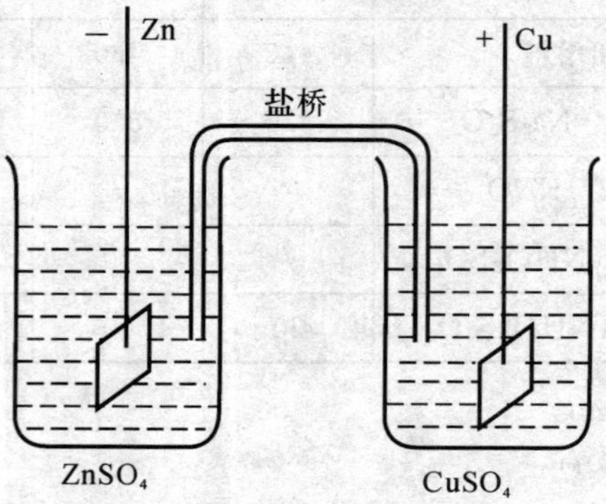

图 4－4　Zn－Cu 电池示意图

把 Zn 片插入 $ZnSO_4$ 溶液中构成 Zn 电极,把 Cu 片插在 $CuSO_4$ 溶液中构成 Cu 电极。用盐桥(其中充满电解质)把这两个电极连接起来就成为 Cu－Zn 电池。可逆电池应满足如下条件:

(1) 电池反应可逆,亦即电池电极反应可逆。

(2) 电池中不允许存在任何不可逆的液接界。

(3) 电池必须在可逆的情况下工作,即充放电过程必须在平衡态下进行,亦即允许通过电池的电流为无限小。

因此在制备可逆电池、测定可逆电池的电动势时应符合上述条件,在精确度不高的测量中,常用正负离子迁移数比较接近的盐类构成“盐桥”来消除液接电势。用电势差计测量电动势也可满足通过电池电流为无限小的条件。

在电池中,每个电极都具有一定的电极电势。当电池处于平衡态时,两个电极的电极电势之差就等于该可逆电池的电动势,按照我们常采用的习惯,规定电池的电动势等于正、负电极的电极电势之差。即

$$E=\varphi_{+}-\varphi_{-}$$

式中,E 是原电池的电动势;φ_{+} 和 φ_{-} 分别代表正、负极的电极电势。其中:

$$\varphi_{+}=\varphi_{+}^{\ominus}-\frac{RT}{ZF}\ln\frac{\alpha_{\text{氧化}}}{\alpha_{\text{还原}}} \qquad (4-12)$$

$$\varphi_{-}=\varphi^{\ominus}-\frac{RT}{ZF}\ln\frac{\alpha_{氧化}}{\alpha_{还原}} \tag{4-13}$$

在式(4－12)、式(4－13)中：φ_{+}，φ_{-} 分别代表正、负电极的标准电极电势，$R=8.134\ \mathrm{J\cdot mol^{-1}\cdot K^{-1}}$；$T$ 是绝对温度；Z 是反应中得失电子的数量；$F=96\ 485\ \mathrm{C/mol}$，称为法拉第常数；$\alpha_{氧化}$ 为参与电极反应的物质的还原态的活度。

对于 Cu－Zn 电池，其电池表示式为

$$(-)Zn|ZnSO_4(m_1)||CnSO_4(m_2)|Cu(+)$$

其电极反应为 $\begin{cases}负极反应：Zn \rightarrow Zn^{2+}(\alpha_{Zn^{2+}})+2e\\ 正极反应：Cu^{2+}(\alpha_{Cu^{2+}})+2e \rightarrow Cu\end{cases}$

其电池反应为 $Zn+Cu^{2+}(\alpha_{Cu^{3+}}) \rightarrow Cu+Zn^{2+}(\alpha_{Zn^{3+}})$

其电动势为 $E=\varphi_{Cu^{2+},\,Cu}-\varphi_{Zn^{2+},\,Zn}$

$$\varphi_{Cu^{2+},\,Cu}=\varphi^{\ominus}_{Cu^{2+},\,Cu}-\frac{RT}{2F}\ln\frac{1}{\alpha_{Cu^{2+}}} \tag{4-14}$$

$$\varphi_{Zn^{2+},\,Zn}=\varphi^{\ominus}_{Zn^{2+},\,Zn}-\frac{RT}{2F}\ln\frac{1}{\alpha_{Zn^{2+}}} \tag{4-15}$$

在式(4－14)和式(4－15)中，Cu^{2+}，Zn^{2+} 的活度可由其浓度 m_i 和相应电解质溶液的平均活度系数 $\gamma_{\pm}$ 计算出来。

$$\alpha_{Cu^{2+}}=m_2\gamma_{\pm},\qquad \alpha_{Zn^{2+}}=m_1\gamma_{\pm}$$

如果能由实验确定出 $E=\varphi_{Cu^{2+},\,Cu}$ 和 $E=\varphi_{Zn^{2+},\,Zn}$ 则其相应的标准电极电势 $\varphi^{\ominus}_{Cu^{2+},\,Cu}$ 和 $\varphi^{\ominus}_{Zn^{2+},\,Zn}$ 即可被确定。

怎样测定 Cu 电极和 Zn 电极的电极电势呢？既然电池的电动势等于正、负极的电极电势之差，那么我们可以选择一个电极电势已经确知的电极，如 Ag－AgCl 电极，让它与 Cu 电极组成电池，该电池的电动势为

$$E=\varphi_{Cu^{2+},\,Cu}-\varphi_{AgCl,\,Ag} \tag{4-16}$$

因为电动势 E 可以测量，$\varphi_{AgCl,\,Ag}$ 已知，所以 $\varphi_{Cu^{2+},\,Cu}$ 可以被确定，进而可由式(4－14)求出 $\varphi^{\ominus}_{Cu^{2+},\,Cu}$。

用同样方法可以确定 Zn 电极的电极电势 $\varphi_{Zn^{2+},\,Zn}$，Zn 和标准电极电势 $\varphi^{\ominus}_{Zn^{2+},\,Zn}$，让 Zn 电极与 Ag－AgCl 电极组成电池 $Zn|ZnSO_4(m_1)||KCl(1\ \mathrm{mol\cdot kg^{-1}})|AgCl|Ag$。该电池的电动势为

$$E=\varphi_{AgCl,\,Ag}-\varphi_{Zn^{2+},\,Zn} \tag{4-17}$$

测量 E，$\varphi_{AgCl,\,Ag}$ 已知，可以确定，进而可由式(4－15)求出 $\varphi^{\ominus}_{Zn^{2+},\,Zn}$。

本实验测得的是实验温度下的电极电势 φ_T 和标准电极电势 $\varphi^{\ominus}_T$，为了比较方便起见(见《普通化学》(浙江大学普通化学教研室编，高等教育出版社)中附录所列出的 $\varphi^{\ominus}_{298}$ 比较)，可采用式(4－18)求出 298 K 时的标准电极电势 $\varphi^{\ominus}_{298}$，即

$$\varphi^{\ominus}_T=\varphi^{\ominus}_{298}+\alpha(T-298)+\frac{1}{2}\beta(T-298)^2 \tag{4-18}$$

式中，α，β 为电池中电极的温度系数。对 Cu－Zn 电池来说，有

Cu 电极：　　$\alpha=0.016\times10^{-3}\ \mathrm{V\cdot K^{-1}}$，　$\beta=0$

Zn 电极：　　$\alpha=0.010\ 0\times10^{-3}\cdot\mathrm{V\cdot K^{-1}}$，　$\beta=0.62\times10^{-6}\ \mathrm{V\cdot K^{-2}}$

关于电势差计的测量原理和 UJ34 型电势差计的使用方法，见 UJ34 型电势差计的使用说

明书。

三、仪器与试剂

仪器：UJ34 型电势差计，标准电池，YJ42 型精密稳压电源，检流计，整流器，毫安电流表，滑线电阻($10^4\ \Omega$)，恒温槽一套，Cu，Zn 电极，Ag－AgCl 电极，Pt 电极，镀 Cu 池，镀 Ag 池，镀 AgCl 池。

试剂：0.1 $mol\cdot kg^{-1}$ $ZnSO_4$溶液，0.1 $mol\cdot kg^{-1}$ $CuSO_4$溶液，1 $mol\cdot kg^{-1}$ KCl 溶液，1 $mol\cdot L^{-1}$ HCl溶液，6 $mol\cdot L^{-1}$ H_2SO_4溶液，饱和 $Hg_2(NO_3)_2$溶液，镀 Cu 溶液，镀 Ag 溶液，琼脂，KCl(分析纯)，氨水。

四、实验步骤

(1) 制备 Zn 电极。取一 Zn 条(或 Zn 片)放在稀硫酸中，浸数秒钟，以除去锌条上可能生成的氧化物，之后用蒸馏水冲洗，再浸入饱和硝酸亚汞溶液中数秒钟，使其汞齐化，用镊子夹住湿滤纸擦拭 Zn 条，使 Zn 条表面有一层均匀的汞齐。最后用蒸馏水洗净之，插入盛有 0.1 $mol\cdot L^{-1}$ $ZnSO_4$的电极管内即为 Zn 电极。将 Zn 极汞齐化的目的是使该电极具有稳定的电极电势，因为汞齐化能消除金属表面机械应力不同的影响。

(2) 制备 Cu 电极。取一粗 Cu 棒(或 Cu 片)，放在稀 H_2SO_4 中浸泡片刻，取出用蒸馏水冲洗，把它放入镀 Cu 池内作阴极。另取一 Cu 丝或 Cu 片，作阳极进行电镀。电镀的线路如图 4－5 所示。

调节滑线电阻，使阴极上的电流密度为 25 $mA\cdot cm^{-2}$(电流密度是单位面积上的电流强度)。电流密度过大，会使镀层质量下降。电镀 20 min 左右，取出阴极，用蒸馏水洗净，插入盛有 0.1 $mol\cdot kg^{-1}$ $CuSO_4$的电极管内即成 Cu 电极(也可用洁净的 Cu 丝经处理后直接作 Cu 电极)。

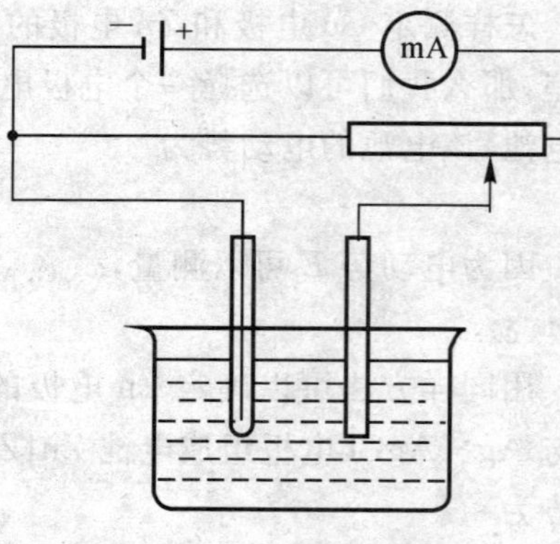

图 4－5　电镀(解)线路

镀 Cu 液的配方：100 mL 水中含有 15 g $CuSO_4\cdot 5H_2O$，5 g H_2SO_4，5 g C_2H_5OH。

若用一纯 Cu 棒，用稀 H_2SO_4 浸洗处理，擦净后用蒸馏水洗净，亦可直接作为 Cu 电极。

(3) 制备 Ag－AgCl 电极。把洗净的 Ag 丝插入镀 Ag 溶液内作为阴极，另取一 Ag 丝(或 Pt 片)作阳极进行电镀。电镀线路与图 4－5相同。调节滑线电阻，使阴极电流密度不大于 10 $mA\cdot cm^{-2}$，电镀约 0.5h。取出阴极，用蒸馏水洗净。

镀 Ag 溶液的配方：3 g $AgNO_3$，6 g KI，7 mL NH_3水配成 100 mL 溶液。

用上述新镀的 Ag 丝作阳极，铂作阴极，在 1 $mol\cdot L^{-1}$ HCl 中进行电镀。电镀线路仍与图 4－5 相同。调节滑线电阻，使阳极电流密度为 2 $mA\cdot cm^{-2}$，电镀约 0.5 h，这时阳极变成紫褐色。取出阳极，用蒸馏水洗净之，插入盛有 1 $mol\cdot kg^{-1}$ KCl 的电极管中，即为我们所使用的 Ag－AgCl 电极。其电极电势 $\varphi_{AgCl,Ag}=0.235\ 3$ V。此电极不用时，把它插入稀 HCl 或 KCl 的溶液中，保存在暗处(已镀好)。

(4) 制备饱和 KCl 盐桥。在一个锥形瓶中，加入 3 g 琼脂和 100 mL 蒸馏水，在水浴上加热直到完全溶解，再加入 30 gKCl，充分搅拌 KCl 后，趁热用滴管将此溶液装入“U”形管内，静置，待琼脂凝结后即可使用。不用时放在饱和 KCl 溶液中(已制备好)。

(5) 测量 Cu－Zn 电池的电动势。如图 4－4 所示，用盐桥把 Cu 电极和 Zn 电极连接起来，把该电池的 Zn 极(负极)与电势差计的负极接线柱相接，Cu 极(正极)与电势差计的正极接线柱相连。每隔 3 min 测一次电动势 E。每测一次后都要将开关推向标准，对电势差计进行校准。若连续测量的几次数据不是朝一个方向变动，或在 15 min 内，其变动小于 0.5 mV，可以认为其电动势是稳定的，取最后几次连续测量的平均值作为该电池的电动势。

(6) 测量 Zn 电极与 Ag－AgCl 电极所组成的电池的电动势。用盐桥连接这两个电极，同(5)的方法测量其电动势。在这个电池中，Ag－AgCl 电极是正极，Zn 电极为负极。

(7) 测量 Cu 电极与 Ag－AgCl 电极所组成的电池的电动势。用盐桥连接这两个电极，同(5)的方法测量其电动势。在该电池中 Ag－AgCl 电极为负极，Cu 电极为正极。

五、数据记录与处理

室温：__________________ 气压：__________________

(1) 数据记录：

1) 电池电动势如表 4－5 所示。

表 4－5 电池电动势数据记录表

电 池	电池反应	电动势				平 均
		计算值	测得值			
			(1)	(2)	(3)	
Cu－Zn 电池						
Cu－AgCl/Ag						
Zn－AgCl/Ag						

2) 电极电势和标准电极电势如表 4－6 所示。

表 4－6 电极电势和标准电极电动势数据对比表

电极名称	电极电势 φ		标准电极电势 $\varphi^{\ominus}$	
	理论值	实验值	理论值	实验值
Ag－AgCl	φ=0.235 3 V			

(2) 计算 Zn 电极的电极电势 $\varphi_{Zn^{2+},Zn}$ 和标准电极电势 $\varphi^{\ominus}_{Zn^{2+},Zn}$：由实验步骤(6)所得的电动势 E，并利用 $\varphi_{AgCl,Ag}$＝0.235 3 V，可由式(4－17)计算 Zn 电极的电极电势 $\varphi_{Zn^{2+},Zn}$，再利用

式(4－15)计算 Zn 电极的标准电极电势 $\varphi^{\ominus}_{Zn^{2+},Zn}$。

(3) 计算 Cu 电极的电极电势 $\varphi_{Cu^{2+},Cu}$ 和标准电极电势 $\varphi^{\ominus}_{Cu^{2+},Cu}$：由实验步骤(7)所得的电动势 E，及 $\varphi_{AgCl,Ag}=0.2353$ V，可由式(4－16)计算 Cu 电极的电极电势 $\varphi_{Cu^{2+},Cu}$ 再利用式(4－14)计算 Cu 电极的标准电极电势 $\varphi^{\ominus}_{Cu^{2+},Cu}$。

(4) 计算 Cu－Zn 电池的电动势 E：该电池的电动势 E 为

$$E=\varphi_{Cu^{2+},Cu}-\varphi_{Zn^{2+},Zn}$$

由式(4－15)及式(4－16)已经确定的 φ 值可以计算 E，并将其与实验步骤(5)的测量值作比较，计算它们之间的相对误差。

(5) 文献值

$$\varphi^{\ominus}_{298Cu^{2+},Cu}+0.337\ \text{V},\qquad \varphi^{\ominus}_{298Zn^{2+},Zn}=0762\ 8\ \text{V}$$

有关电解质的平均活度系数 $\gamma_{\pm}$：

电解质溶液	0.1 mol·k g $^{-1}$CuSO4	0.1 mol·k g $^{-1}$ZnSO4
$\gamma_{\pm}$	0.160 0	0.150

六、注意事项

(1) 因 $Hg_2(NO_3)_2$ 为剧毒物质，所以在将 Zn 电极汞齐化时所用的滤纸不能随便乱扔，做完实验后应立即将其倒入室外垃圾箱中。另外盛 $Hg_2(NO_3)_2$ 的瓶塞要及时盖好。

(2) 标准电池属精密仪器，使用时一定要注意，切记不能倒置。

(3) 在测量电池电动势时，尽管我们采用的是对消法，但在对消点前，测量回路将有电流通过，所以在测量过程中不能一直按下电键按钮，否则回路中将一直有电流通过，电极就会产生极化，溶液的浓度也会发生变化，测得的就不是可逆电池电动势，所以应按一下调一下，直至平衡。

说明：测定电池电动势这个方法有非常广泛的应用。例如：平衡常数、解离常数、络合物稳定常数、难溶盐的溶解度、两状态间热力学函数的改变、溶液中的离子活度、活度系数、离子的迁移数、溶液的 pH 值等均可以通过测定电动势的方法求得。在分析化学中，电势滴定这一分析方法也是基于测量电动势的方法。

七、思考题

(1) 对消法测电动势的基本原理是什么？为什么用电压表不能准确测定电池电动势？

(2) 电势差计、标准电池、检流计及工作电池各有什么作用？

(3) 如何维护和使用标准电池及检流计？

(4) 参比电极应具备什么条件？它有什么作用？

(5) 盐桥有什么作用？应选择什么样的电解质作盐桥？

(6) 如果电池的极性接反了，会有什么结果？工作电池、标准电池和未知电池中任一个没有接通会有什么结果？

(7) 利用参比电极可测电池电动势，简述电动势法测定活度及活度系数的步骤。此参比电极应具备什么条件？

实验 11　乙酰苯胺的重结晶

一、实验目的

(1)学习重结晶法提纯固态有机化合物的原理和方法。

(2)掌握抽滤、热滤操作和滤纸折叠的方法。

二、实验原理

当溶液浓缩到一定浓度后冷却，就会析出溶质的晶体。析出晶体颗粒的大小与结晶条件有关。如果溶液的浓度高，溶质的溶解度小，溶液冷却得快，析出的晶粒就细小，反之，可得到较大颗粒的晶体。搅动溶液和静置溶液可得到不同的效果，前者有利于细晶体的生成，后者有利于大晶体的生成。从纯度来说，由于大晶体生成较慢易裹入母液或别的杂质，因而纯度不高；而细小的晶体由于生成较快，纯度较高。当溶液出现过饱和现象时，可以振荡容器、用玻璃棒搅动或轻轻摩擦器壁，或投入几小粒晶体(俗称“晶种”，该晶种可采用滴数滴溶液于干净的表面皿上，放在冰上冷却而获得)，促使晶体析出。如果第一次得到的晶体纯度不符合要求，可以将所得晶体溶解于适量的溶剂中，再重新蒸发(或冷却)、结晶、分离，便可得到较纯净的晶体，这种操作称为重结晶。若重结晶后纯度仍不符合要求时，还可进行第二次重结晶。当然产率必然会降低。

重结晶纯化物质的方法，只适用于那些溶解度随温度上升而增大的物质。对于溶解度受温度影响很小的物质则不适用。

三、仪器与试剂

仪器：烧杯，表面皿，滤纸，吸滤瓶，布氏漏斗，安全瓶和水泵。

试剂：粗乙酰苯胺 2 g，活性炭。

四、实验内容

1. 用单一溶剂水重结晶

称取粗乙酰苯胺 2 g，放入烧杯中，加入一定量的水①将烧杯放在热源上，边加热边搅拌，直至沸腾，待固体完全溶解后②，再多加 20%的水，移去热源，稍冷后加入少许活性炭③，继续煮沸 5～10 min。

趁热过滤或抽滤④，将滤液倒入干净的烧杯中，慢慢冷却至室温。待晶体完全析出后，再进行抽滤，直至抽干。取出晶体，放在预先称重的表面皿上，烘干，称重，计算回收率。

① 乙酰苯胺在水中的溶解度：

温度/℃	20	25	50	80	100
溶解度/(g/100 mL)	0.46	0.56	0.84	3.5	5.2

② 瓶底的黄色油状物为在 83℃熔化尚未溶解于水的乙酰苯胺，可补加少量水溶之。

③ 加活性炭之前，应移去热源，待溶液稍冷后，再加活性炭。切忌在溶液沸腾时加入，以免引起暴沸。

④ 布氏漏斗和吸滤瓶均应在水浴锅中充分预热。

2. 用混合溶剂水-乙醇重结晶

称取粗乙酰苯胺 2 g，放入 100 mL 圆底烧瓶中，加入 30 mL 15%乙醇溶液，投入 1～2 粒沸石，装上回流冷凝管，小火加热，保持乙醇回流，观察乙酰苯胺溶解情况，若仍有固体或黄色油状物，可从冷凝管上口逐次补加乙醇溶液，每次 5 mL 直至恰好完全溶解，再多加 5 mL 乙醇溶液①，移去热源，稍冷后加入少许活性炭，继续回流 5～10 min。趁热抽滤，将滤液倒入干净的烧杯中，慢慢冷却至室温。待晶体完全析出后，再进行抽滤，直至抽干。取出晶体，放在预先称重的表面皿上，烘干，称重，计算回收率。

五、思考题

1. 用做重结晶的溶剂应具备什么条件？
2. 重结晶所用溶剂太多或太少，对结果有什么影响？如何正确控制溶剂量？
3. 重结晶用活性炭脱色时为什么不能把活性炭加入到沸腾的溶液中？

实验 12　海带中提取碘

一、实验目的

练习海带中提取碘的方法，掌握灰化、浸取、浓缩、升华操作。

二、实验原理

碘有极其重要的生理作用，人体中的碘主要存在于甲状腺内。甲状腺内的甲状腺球蛋白是一种含碘的蛋白质，是人体的碘库。一旦人体需要时，甲状腺球蛋白就很快水解为由生物活性的甲状腺素，并通过血液到达人体的各个组织。甲状腺素是一种含碘的氨基酸，它具有促进体内物质和能量代谢、促进身体生长发育、提高精神系统的兴奋性等生理功能。人体中如果缺碘，甲状腺就得不到足够的碘，甲状腺素的合成就会受到影响，使得甲状腺组织产生代偿性增生，形成甲状腺肿(俗称大脖子病)。碘缺乏病给人类的智力与健康造成了极大的损害，对婴幼儿的危害尤其严重。因为严重缺碘的妇女，容易生出患有克汀病和智力低下的婴儿，克汀病的患儿身体矮小、智力底下、发育不全，甚至痴呆，即使轻症患儿也多有智力低下的表现，一般人每日摄入 0.1～0.2 mg 碘就可以满足需要。在正常情况下，人们通过食物、饮水及呼吸即可摄入。但在一些地区，由于各种原因，水和土壤中缺碘，食物中含碘量也较少，造成人体摄碘量少，有的地区由于在食物中含有阻碍人体吸收碘的某些物质，也会造成人体缺碘。有人称海带为“碘之王”，在每 100 g 海带中含碘量为 240 mg，常吃海带可纠正由缺乏碘而引起的甲状腺肿，促进新陈代谢，使甲状腺能维持正常功能。海带所含碘化物内服吸收后，还能促进病理产物和渗出物被吸收，并能使病变的组织崩溃和溶解，可纠正缺碘而引起的甲状腺机能不足，对癌症有一定的抑制作用，同时也可以暂时抑制甲状腺机能亢进的新陈代谢。

本实验通过灼烧、灰化、浸取、炒干操作，将海带中的碘转化为 I^-，在酸性条件下用氧化剂氧化为 I_2，升华分离。

① 多加 5 mL 乙醇溶液的目的是防止因操作过程中溶剂的损失，导致在热过滤时就有晶体析出而影响回收率。补加乙醇溶液时应先移开热源。

三、仪器与试剂

仪器：烧杯，试管，铁架台，坩埚，蒸发皿，布氏漏斗，抽滤瓶，真空循环水泵。

试剂：1 mol・L^{-1}硫酸，重铬酸钾。

原料：海带丝。

四、实验内容

1. 定性检验

将一根海带用适量温水浸泡数小时后，取浸泡后清液 200 mL，稍加过滤，取其滤液 3 ～5 mL于试管中，滴加几滴熟淀粉溶液后，再滴加氯水，即可见试管中溶液立即变蓝（$Cl_2 + 2I^- = I_2 + 2Cl^-$）。实验证明海带中富含碘离子。

2. 海带中提取碘

(1) 称取 10 g 干燥的海带丝，剪碎、研磨，再放在坩埚中灼烧，多次研磨、灼烧，使海带完全灰化。

(2) 将海带灰倒在烧杯中，依次加入 25 mL，25 mL 蒸馏水熬煮几分钟后，每次熬煮后，抽滤。最后用少量水洗涤滤渣，将滤液合并在一起。

(3) 往滤液里加 1 mol・L^{-1}硫酸酸化至 pH 值显中性（海带灰里含有碳酸钾，酸化使其呈中性或弱酸性对下一步氧化析出碘有利。但硫酸加多了则易使碘化氢氧化出碘而损失）。

(4) 把酸化后的滤液在蒸发皿中蒸发，炒至糊状调节 pH≈1，然后尽量炒干，研细，并且加入 0.5 g 研细的重铬酸钾固体与之混合均匀。

(5) 在蒸发皿上盖一张刺有许多小孔且孔刺向上的滤纸，取一只大小合适的玻璃漏斗，颈部塞一小团棉花，罩在蒸发皿上，小心加热升华（见图 4－6(a)）。加热蒸发皿使生成的碘升华。碘蒸气在滤纸底部凝聚，并在漏斗中看到紫色碘蒸气。当再无紫色碘蒸气产生时，停止加热。取下滤纸，将凝聚的固体碘刮到小称量瓶中，称重。计算海带中碘的百分含量。将新得到的碘回收在棕色试剂瓶中。

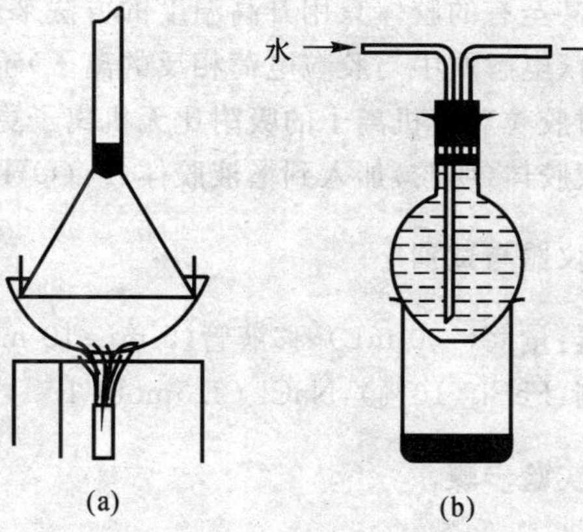

图 4－6　常压升华装置图

五、思考题

(1) 哪些因素影响产率？

(2) 写出重铬酸钾氧化 I^- 生成 I_2 的方程式。重铬酸钾能用其他氧化剂代替吗？选择氧化剂时还需要注意什么影响？

实验 13　溶胶聚沉值的测定

一、实验目的

(1)学习溶胶的制备方法。
(2)研究电解质对胶体稳定性的影响。

二、实验原理

胶体有巨大的表面和吸附作用,使胶粒往往都是带电的,如用 $FeCl_3$ 水解得到的 $Fe(OH)_3$ 胶体其胶粒都是带正电的。由于在同一条件下制得的胶粒都带有同一类型的电荷,胶粒之间存在着一种静电斥力,就使得它难于继续碰撞而长大,这是胶粒能较稳定存在之根源。若改变溶胶生成的条件,如向溶胶中加入电解质,以减少或消除胶粒的电荷,胶粒较易于碰撞而变成大颗胶粒而沉降下来,这种过程称为溶胶的聚沉。

在一定的温度和压力条件下,要使溶胶在一定时间内发生明显的聚沉,所需电解质的最低浓度称聚沉值($mmol \cdot L^{-1}$)。聚沉值的大小跟胶体性质和它所处条件有关。温度升高,聚沉值减少,甚至有的胶体只用升高温度的方法来聚沉。在温度一定时,聚沉值与电解质中被吸附的离子价(电解质中与胶粒电荷相反的离子)价数有关,其离子的价数越高,聚沉值越少,若价数相同时胶粒对有机离子的吸附比无机离子更为容易,故有机离子的聚沉值也就要小。

亲液胶体(明胶)加入到憎液胶体($Fe(OH)_3$溶液)中起保护作用。

三、仪器与试剂

仪器:量筒(100 mL),移液管(5 mL;10 mL),烧杯(100 mL)。
试剂:$FeCl_3$(10%),NaCl (2.5mol · L^{-1}),Na_2SO_4(2.5mol · L^{-1})。

四、实验步骤

1. 溶胶的制备

用量筒量取 50 mL 蒸馏水,放入 100 mL 的烧杯中,加热至沸腾,用移液管吸取 2.5 mL10%的 $FeCl_3$溶液,加到沸水中,得到棕红色的 $Fe(OH)_3$溶胶,冷却后备用。

2. 溶胶聚沉值的测定

分两步进行,第一步测定近似聚沉值 c',第二步测准确聚沉值 c。

取试管 6 支,编号为 1,2,3,4,5 和对照,在 1 号试管注入 10 mL 2.5mol · L^{-1} NaCl,在 2~5号和对照等 5 支试管中各加入蒸馏水 9 mL,然后从 1 号试管中取 1 mLNaCl 放入 2 号试管中,摇匀后,又从 2 号试管中取出 1 mL 溶液放入 3 号试管中,依次从上一编号试管吸取 1 mL NaCl 溶液,直至 5 号试管,最后从 5 号管中取出 1 mL 溶液弃之。用移液管向上述 1~5 号试管及对照管中各加入已净化好的 $Fe(OH)_3$溶胶 1 mL,摇匀后,立即记下时间,静置 15min,观察 1~5 号管的聚沉情况,与对照管进行比较,找出最后一支有沉淀的试管,该管的浓度即为近似聚沉值 c',并记入表 4-7 内。

表 4－7　溶胶聚沉值的测定

编号	1	2	3	4	5	对照
V_{NaCl}/mL	10.00					
$V_{蒸馏水}$/mL		9.00	9.00	9.00	9.00	9.00
摇匀后	1 mL→	1 mL→	1 mL→	1 mL→	1 mL→弃去	
$V_{Fe(OH)_3}$/mL	1.00	1.00	1.00	1.00	1.00	1.00

摇匀，静置 15min，求出近似聚沉值 c'。

制备浓度 c'的 NaCl 溶液 50 mL。由 2.5mol・L^{-1} NaCl 稀释而得，根据 $C_1V_1=C'V'$可求得 V_1的数值。准确量取 2.5 mol・L^{-1} NaCl 溶液 V_1 mL 至 50 mL 的容量瓶中，用蒸馏水稀释至刻度，摇匀即得浓度为 c'的溶液。

在(2)的 1～5 号试管中，保留具有近似聚沉值 c'浓度的试管，定它为Ⅰ试管，另取 4 支试管，编号为Ⅱ，Ⅲ，Ⅳ，Ⅴ，加上原对照一支又得一组六支管的排列。在Ⅱ～Ⅴ号试管中分别加入 8 mL，6 mL，4 mL，2 mL 的浓度为 c'的 NaCl 溶液，再向上述各管中加入 1 mL，3 mL，5 mL，7 mL 蒸馏水，摇匀后各加入 1 mL $Fe(OH)_3$溶胶，摇匀后静置 15 min，找出最后一支有沉淀的试管，用这支试管中的 NaCl 的浓度 c_n和相邻未沉淀的试管 NaCl 浓度 c_{n+1}求出平均值，即得所求的准确聚沉值 c，即 $c=1/2(c_n+c_{n+1})$。把所观察的现象和计算结果列入表 4－8 中。

表 4－8　数据记录表

编号	Ⅰ	Ⅱ	Ⅲ	Ⅳ	Ⅴ	对照
V_{NaCl}/mL		8.00	6.00	4.00	2.00	
$V_{蒸馏水}$/mL		1.00	3.00	5.00	7.00	9.00
$V_{Fe(OH)_3}$/mL		1.00	1.00	1.00	1.00	1.00

用上述完全相同的过程，测定 Na_2SO_4对 $Fe(OH)_3$溶胶的聚沉值。

五、数据记录和处理

表 4－9　NaCl 对 $Fe(OH)_3$溶胶的聚沉值

试管编号	1	2	3	4	5	Ⅰ	Ⅱ	Ⅲ	Ⅳ	Ⅴ
c_{NaCl}/(mol・L^{-1})	2.5×10^3	2.5×10^2	2.5×10^1	2.5	2.5×10^{-1}	2.5×10^3	2.0×10^3	1.5×10^3	1.0×10^3	0.5×10^3
c/(mmol・L^{-1})										

$c'=$　　　mmol・L^{-1}

$c=1/2(c_n+c_{n+1})=$　　　mmol・L^{-1}

表 4-10　Na_2SO_4对 $Fe(OH)_3$溶胶的聚沉值

编号	1	2	3	4	5	Ⅰ	Ⅱ	Ⅲ	Ⅳ	Ⅴ
$c_{Na_2SO_4}$/(mmol·L^{-1})	0.05×10^3	0.05×10^2	0.05×10^1	0.5	0.05×10^{-1}	0.05×10^1	0.4	0.3	0.2	0.1
c/(mmol·L^{-1})										

c'=　　　　mmol·L^{-1}

$c=1/2(c_n+c_{n+1})$=　　　　mmol·L^{-1}

NaCl 和 Na_2SO_4对 $Fe(OH)_3$溶液的聚沉值之比=

六、思考题

(1) 什么是聚沉值?

(2) 做好本实验的关键是什么?

实验 14　金属元素化学

一、实验目的

(1) 了解用焰色反应检验碱金属和碱土金属的方法。

(2) 了解金属单质的还原性。

(3) 了解 d 区金属离子的配合性以及配离子的形成、解离和颜色的变化。

二、实验原理

1. 焰色反应

碱金属及碱土金属中的钙、锶、钡等的某些化合物在高温火焰中灼烧时,能分别发射出一定波长的可见光,使火焰显出特征的颜色。例如:

钠	钾	钙	锶	钡
黄色	浅紫色	橙红色	大红色	浅黄绿色

在分析化学中,常利用该性质检验这些元素,称之为焰色反应。

2. 金属单质的还原性

金属单质具有还原性,常表现为可与氧气、水、酸等物质作用,被氧化而生成相应的化合物。

金属还原性的变化规律一般与周期系元素金属性的递变规律相符。金属在水溶液中的还原能力,可以查阅有关标准电极电势表进行比较,标准电极电势代数值较小的金属可以将标准电极电势较大的金属离子还原。

铍、铝、锡、铅和锌等金属还可以与碱反应,生成氢气和相应的含氧酸盐。

3. d 区金属离子的配合性及配离子的形成、解离和颜色变化

d 区金属离子或原子易形成配离子或配位化合物。例如,Zn^{2+},Ni^{2+},Cu^{2+},Ag^+等离子均易于与氨水形成相应的配离子$[Zn(NH_3)_4]^{2+}$,$[Ni(NH_3)_6]^{2+}$,$[Cu(NH_3)_4]^{2+}$,$[Ag(NH_3)_2]^+$。d 区金属离子所形成的配合物其特征颜色是鉴别金属离子的重要依据之一。

许多 d 区金属的水合离子(金属离子与水形成的配离子)具有特征颜色。例如:Cr^{3+}(aq)呈蓝绿色;Mn^{2+}(aq)呈浅红色;Fe^{2+}(aq)呈浅绿色;Fe^{3+}(aq)呈棕黄色;Co^{2+}(aq)呈浅红色;Ni^{2+}(aq)呈绿色;Cu^{2+}(aq)呈浅蓝色等。又如,Fe^{3+}可与 SCN^- 生成血红色的$[Fe(SCN)]^{2+}$配离子(在微酸性条件下的主要产物),因此可用来鉴别 Fe^{3+}。往$[Fe(SCN)]^{2+}$溶液中加入 F^-,能转化为更难解离的无色的$[FeF_6]^{3-}$配离子。

Ni^{2+}可与单齿配体或多齿配体进行反应形成配离子或螯合物。例如,$[Ni(NH_3)_6]^{2+}$为深蓝色;在微碱性溶液中,Ni^{2+}与丁二肟(dimethylglyoxime,简写为 dmg)反应生成鲜红色螯合物,这一反应常用来鉴别 Ni^{2+}。

配离子在水溶液中存在解离平衡,是一种离子平衡,它能因加入不同的沉淀剂或配合剂(或控制不同浓度)而使金属离子向着生成更难解离或更难溶解的物质方向移动。

三、仪器与试剂

仪器:煤气灯,烧杯(50 mL,500 mL),试管,试管架,点滴板,洗瓶,滤纸片,离心试管,镊子,蓝色玻璃片,镍铬丝,铁钉,砂纸。

试剂:盐酸(6 $mol \cdot L^{-1}$;浓),硫酸(1 $mol \cdot L^{-1}$),氨水(6 $mol \cdot L^{-1}$;浓),氢氧化钠(6 $mol \cdot L^{-1}$),硝酸银(0.1 $mol \cdot L^{-1}$),氯化钙(浓),硫酸亚铁(0.1 $mol \cdot L^{-1}$),氯化汞(0.1 $mol \cdot L^{-1}$),氯化钾(浓),硫酸铬(0.1 $mol \cdot L^{-1}$),碘化钾(0.1 $mol \cdot L^{-1}$),氯化铜(0.1 $mol \cdot L^{-1}$),氯化钡(浓),氯化钴(0.1 $mol \cdot L^{-1}$),硫酸铁(0.1 $mol \cdot L^{-1}$),铁氰酸钾(0.01 $mol \cdot L^{-1}$),硫酸(亚)锰(0.1 $mol \cdot L^{-1}$),硫氰酸铵(0.1 $mol \cdot L^{-1}$),氯化钠(0.1、1 $mol \cdot L^{-1}$;浓),氟化钠(0.1 $mol \cdot L^{-1}$),硫代硫酸钠(1 $mol \cdot L^{-1}$;饱和),硫酸镍(0.1 $mol \cdot L^{-1}$),硫酸锌(0.1 $mol \cdot L^{-1}$),氯化锶(浓),铁粉,锌粉,铜屑,酚酞(1%),丁二肟(1%)。

四、实验步骤

1. 碱金属和碱土金属的焰色反应

将镍铬丝表面用砂纸擦净,并将末端弯成直径约 3mm 的小圈,浸入装有少许浓盐酸的试管或点滴板空穴中,片刻便取出,在煤气灯的氧化焰中灼烧,如此反复灼烧数次,直至不带有杂质所呈现的颜色为止。再将上述洗过的镍铬丝蘸以浓 NaCl 溶液,灼烧之,观察火焰的颜色。

同上操作,分别观察 KCl,$CaCl_2$,$SrCl_2$,$BaCl_2$ 等溶液的焰色反应,并分别记录它们的颜色,每次改用另一种盐溶液做实验前,必须将镍铬丝用浓 HCl 处理,灼烧干净。试验钾盐时,即使有微量的钠盐存在,钾所显示的浅紫色也会被钠的黄色所掩盖,所以最好通过蓝色玻璃片观察之,因为蓝色玻璃能吸收钠的黄色光。

2. 金属的还原性

(1) 金属的还原性强弱。在试管中,锌粉、铁粉(或铁屑)、铜屑分别与 0.1 $mol \cdot L^{-1}$ $ZnSO_4$,0.1 $mol \cdot L^{-1}$ $FeSO_4$,0.1 $mol \cdot L^{-1}$ $CuCl_2$ 等三种溶液的作用,观察现象,比较这三种金属还原性的强弱。

(2) 金属与酸碱的作用。在试管中,锌粉、铁粉(或铁屑)分别与 6 $mol \cdot L^{-1}$ 盐酸和 6 $mol \cdot L^{-1}$ 氢氧化钠的作用,观察现象。

3. d 区金属离子的配合性

(1) 配离子的颜色及颜色变化。

1)水合离子的颜色。观察和熟悉下列水合金属离子的颜色并记录：Cr^{3+}(aq)，Mn^{2+}(aq)，Fe^{2+}(aq)，Fe^{3+}(aq)，Co^{2+}(aq)，Ni^{2+}(aq)，Cu^{2+}(aq)。

2) Cu(Ⅱ)配离子的颜色变化。往 $CuCl_2$ 溶液中依次逐滴加入浓盐酸溶液、去离子水、6 mol·L^{-1}氨水溶液和 1 mol·L^{-1}硫酸溶液后，观察铜离子与不同配体结合生成的配离子的颜色变化，并进行解释。

注意：进行本实验时，所加药品的用量应尽可能少，一般以刚出现颜色变化为宜。若混合后溶液总体积过大，可倾倒出 2 mL 溶液于另一试管中再做实验。

在浓氨水中加入几粒铜屑，摇荡后有何现象产生，为什么？

3) Fe(Ⅲ)配离子的颜色变化。往试管中加入 1～2 滴 0.1 mol·L^{-1} $Fe_2(SO_4)$(Ⅰ)溶液，加去离子水稀释近于无色后，加入几滴 NH_4SCN，观察现象；再加入 NaF 溶液，直至溶液又转为无色。用离子反应解释溶液颜色变化的原因。

4)Ni(Ⅱ)配合物的颜色变化。往 0.1 mol·L^{-1} $NiSO_4$溶液中加入约 0.5 mL 6 mol·L^{-1}氨水，观察作用后的颜色变化，再加入 1～2 滴丁二肟溶液，观察鲜红色沉淀的生成。

(2) Ag(Ⅱ)配离子的形成和沉淀的溶解。往离心试管中加入少量 $AgNO_3$(0.1 mol·L^{-1})溶液，然后按以下次序进行试验。写出每一步骤实验现象和主要生成物的化学式。

1) 滴加 0.1 mol·L^{-1} NaCl 溶液至刚生成沉淀；

2) 滴加 6 mol·L^{-1}氨水溶液至沉淀刚溶解完；

3) 滴加 0.1 mol·L^{-1} KBr 溶液至刚生成沉淀；

4) 滴加 1 mol·L^{-1} $Na_2S_2O_3$溶液至沉淀刚溶解完；

5) 滴加 0.1 mol·L^{-1} KI 溶液至刚生成沉淀；

6) 滴加饱和 $Na_2S_2O_3$溶液至沉淀刚溶解完。

根据上述实验，比较 Ag(Ⅰ)配离子的稳定性和各难溶电解质的溶解度大小。

注意：上述沉淀反应中，沉淀剂的用量应尽可能少，一般以刚生成沉淀为宜。使沉淀溶解的反应，加入溶液量也尽可能少，以使沉淀刚溶解完为宜。因此，溶液必须骤滴加入，且边滴边摇。若试管中溶液量太多，则可在生成沉淀后，离心分离，析出并弃去上面清液，再继续进行实验。因此上述反应应在离心试管中进行。

五、思考题

(1) 沉淀反应和焰色反应的操作中注意哪些事项？

(2) 通过实验，举例说明有哪些因素能使配离子的平衡发生移动？有哪些生成配合物的反应可用于金属离子的鉴别？

实验 15　非金属元素化学

一、实验目的

(1) 了解卤素单质最高、最低及中间氧化值化合物的氧化还原性。

(2) 了解某些金属离子的氢氧化物的酸碱性。

(3) 了解某些金属氯化物与水的作用。

二、实验原理

1. 卤素单质最高、最低及中间氧化值化合物的氧化还原性

(1)卤素单质的氧化还原性及歧化反应。Cl_2,Br_2,I_2等卤素单质与水反应并存在下列平衡:

$$X_2(aq)+H_2O(l)\rightarrow H^+(aq)+X^-(aq)+HXO(aq)$$

反应物X_2表示Cl_2,Br_2,I_2等卤素单质,主要表现为氧化性。但在此反应中,既是氧化剂,又是还原剂。类似这样的反应称为歧化反应。上述平衡常数的表达式为

$$K^{\ominus}=\frac{(c_{H^+}^{eq}/c^{\ominus})(c_{X^-}^{eq}/c^{\ominus})(c_{HXO}^{eq}/c^{\ominus})}{c_{X_2}^{eq}/c^{\ominus}}$$

上述歧化反应的进行程度与溶液的 pH 值有关。在溶液中加酸能抑制卤素单质的歧化反应,加碱则能促进其歧化反应的进行。其中,$K_{Cl_2}=4.2\times10^{-4}$,$K_{Br_2}^{\ominus}=7.21\times10^{-9}$,$K_{I_2}^{\ominus}$为$2.0\times10^{-13}$。

(2)最高氧化值化合物的氧化性。对于同一元素不同氧化值的化合物来说,最高氧化值的化合物只可能具有氧化性。例如,高锰酸钾的氧化性随介质酸度的降低而减弱,且在不同介质中还原产物也有所不同。在酸性介质中,MnO_4^-能被还原为无色或浅红色的Mn^{2+},其电极反应为

$$MnO_4^-(aq)+8H^+(aq)+5e^-\rightarrow Mn^{2+}(aq)+4H_2O(l),\quad \varphi^{\ominus}=1.507\ V$$

$$\varphi_{MnO_4^-/Mn^{2+}}=\varphi_{MnO_4^-/Mn^{2+}}^{\ominus}+\frac{0.059\ 2}{5}\lg\frac{(c_{MnO_4^-}/c^{\ominus})(c^{H^+}/c^{\ominus})}{c^{Mn^{2+}}/c^{\ominus}}$$

在中性或碱性介质中,MnO_4^-能被还原为褐色或黄褐色的二氧化锰沉淀,其电极反应为

$$MnO_4^-(aq)+2H_2O(l)+3e^-\rightarrow MnO_2(s)+4OH^-(aq),\quad \varphi^{\ominus}=0595\ V$$

$$\varphi_{MnO_4^-/MnO_2}=\varphi_{MnO_4^-/MnO_2}^{\ominus}+\frac{0.059\ 2}{3}\lg\frac{c_{MnO_4^-}/c^{\ominus}}{(c_{OH^-}/c^{\ominus})^4}$$

在强碱性介质中MnO_4^-则可被还原为绿色的MnO_4^{2-},其电极反应为

$$MnO_4^-(aq)+e^-\rightarrow MnO_4^{2-}(aq)+4OH^-(aq),\quad \varphi^{\ominus}=0.558\ V$$

$$\varphi_{MnO_4^-/MnO_4^{2-}}=\varphi_{MnO_4^-/MnO_4^{2+}}^{\ominus}+0.059\ 2\lg\frac{c_{MnO_4^-}/c^{\ominus}}{c_{MnO_4^{2-}}/c^{\ominus}}$$

(3)最低氧化值化合物的还原性。最低氧化值的化合物只有还原性。例如Cl^-,Br^-,I^-其还原性按顺序依次增强。在通常情况下,I^-可将Fe^{3+}还原为Fe^{2+},而Cl^-,Br^-则不能。这可从它们的标准电极电势加以比较:

$$\varphi_{I_2/I^-}=0.535\ V,\quad \varphi_{Br_2/Br^-}=1.066\ V,\quad \varphi_{Cl_2/Cl^-}=0.535\ V$$

(4)中间氧化值化合物的氧化还原性。中间氧化值的化合物既有氧化性又有还原性。例如H_2O_2既可与相应的低氧化值化合物组成氧化还原电对,作为氧化剂,被还原为H_2O或OH^-,如

$$H_2O_2(aq)+2H^+(aq)+2e^-\rightarrow 2H_2O(l),\quad \varphi^{\ominus}=1.776\ V$$

又可与相应的高氧化值化合物组成还原电对,作为还原剂,被氧化为O_2,如

$$O_2(g)+2H^+(aq)+2e^-\rightarrow H_2O_2(l),\quad \varphi^{\ominus}=0.695\ V$$

H_2O_2还能够在同一反应系统中既可作氧化剂又可作还原剂。例如,在Mn^{2+}和丙二酸存

在下，过氧化氢（作为还原剂）与在酸性介质中的碘酸钾（氧化剂）发生氧化还原反应生成单质碘；和溶液中的淀粉形成蓝色配合物。同时，过量的过氧化氢（作为氧化剂）又能将反应生成的单质碘（还原剂）氧化成为碘酸根离子，使溶液的蓝色消失；当碘酸根离子再次被过氧化氢还原生成单质碘时，溶液又变为蓝色[①]。反应如此"摇摆"发生，颜色也随之反复变化，直到过氧化氢等物质消耗到一定程度，反应方才结束。主要化学反应式为

$$2IO_3^-(aq)+2H^+(aq)+5H_2O(aq)+I_2(s)+5O_2(g)+6H_2O(l)$$

$$5H_2O_2(aq)+I_2(s)=2IO_3^-(aq)+2H^+(aq)+4H_2O(l)$$

2. 某些离子的氢氧化物的酸碱性

许多金属离子的氢氧化物虽然难溶于水，但某些离子的氢氧化物能与酸碱反应。根据它们与酸碱反应的不同，习惯上仍可分为酸性、碱性和两性。例如，Al^{3+}，Cr^{3+}，Zn^{2+}，Sn^{2+} 和 Pb^{2+} 等的氢氧化物能溶于强酸或强碱中，均为两性氢氧化物。以 $Pb(OH)_2$ 为例，与酸碱反应的有关化学反应式简单表达如下：

$$Pb^{2+}(aq)+2OH^-(aq)(\text{少量})=Pb(OH)_2(s)$$

$$Pb(OH)_2(s)+2OH^-(aq)(\text{少量})=PbO_2^{2-}(aq)+2H_2O(l)$$

$$Pb(OH)_2(s)+2OH^-(aq)(\text{少量})=[Pb(OH)_4]^{2-}$$

$$Pb(OH)_2(s)+2H^+(aq)(\text{过量})=Pb^{2+}(aq)+2H_2O(l)$$

3. 某些金属氯化物与水的作用

除 s 区的 K，Na 和 Ba 等很活泼金属的氯化物外，一般金属氯化物都能与水作用，并使溶液呈酸性。而 p 区的 Sn^{2+}，Sb^{3+} 和 Bi^{3+} 等的氯化物与水作用能生成溶解度很小的白色碱式盐或氯氧化物。例如：

$$Sn^{2+}(aq)+Cl^-(aq)+H_2O(l)\rightarrow Sn(OH)Cl(s)+H^+(aq)$$

$$Sb^{3+}(aq)+Cl^-(aq)+H_2O(l)\rightarrow SbOCl(s)+2H^+(aq)$$

因此在配制这类化合物的溶液时，必须加入适量的浓盐酸，以抑制其与水的作用，从而防止上述沉淀的析出。

三、仪器与试剂

仪器：试管，试管架，试管夹，药匙，量筒（20 mL，50 mL，100 mL），洗瓶，玻璃棒。

试剂：

酸：盐酸（2 mol · L^{-1}；6 mol · L^{-1}；浓、纯），硫酸（3 mol · L^{-1}），硝酸（2 mol · L^{-1}；6 mol · L^{-1}；浓）。

碱：氢氧化钠（2 mol · L^{-1}；6 mol · L^{-1}），氨水（2 mol · L^{-1}）。

盐：硝酸银（0.1 mol · L^{-1}），氯化铝（固），硫酸铝（0.1 mol · L^{-1}），硝酸钴（固），硫酸铬（0.1 mol · L^{-1}），硫酸铜（固），三氯化铁（固），硫酸亚铁（0.1 mol · L^{-1}），铁氰酸钾（0.1 mol · L^{-1}），碘化钾（0.1 mol · L^{-1}），溴化钾（0.1 mol · L^{-1}），高锰酸钾（0.01 mol · L^{-1}），氯化镁（固），硫酸锌（0.1 mol · L^{-1}），氯化钠（固），亚硫酸钠（0.1 mol · L^{-1}），氯化铵（饱和），硫化钠（0.1 mol · L^{-1}），硝酸铅（0.1 mol · L^{-1}），硫酸镍（固），氯化亚锡（0.1 mol · L^{-1}）；溴水（饱和），碘水（饱和），pH 试纸，淀粉（0.2%），过氧化氢（3%）苯，氯水（饱和）。

---

① 反应过程中，溶液的颜色会发生无色—琥珀色—蓝色的反复变化。

"摇摆反应"试液配置：

试液(Ⅰ)　取 410 mL 30% H_2O_2溶液，倒入大烧杯中，加水稀释至 1 000 mL，并搅匀，存于棕色瓶中。

试液(Ⅱ)　称取 42.8 gKIO_3，置于烧杯中，加入适量水，加热使其完全溶解。待冷却后，加入 40 mL 2 mol·L^{-1} H_2SO_4，将混合液加水稀释至 1 000 mL，并搅匀，存于棕色瓶中。

试液(Ⅲ)　称取 0.3g 可溶性淀粉，置于烧杯中，用少量水调成糊状，加入盛有沸水的烧杯中，然后加入 3.4g $MnSO_4$和 15.6g 丙二酸①，不断搅拌使他们全部溶解。冷却后，加水稀释至 1 000 mL，存于棕色瓶重。

四、实验步骤

1. 卤素单质的氧化还原性及歧化反应

(1) 分别往加有少量饱和氯水、溴水和碘水溶液的试管中，各加入数滴强碱稀溶液，观察现象。然后再分别加入强酸稀溶液至过量。观察现象，并用离子反应式解释之。

(2) 分别往含少量饱和氯水、溴水和碘水溶液的试管中，各加入数滴 0.1 mol·L^{-1} $AgNO_3$溶液。观察现象，并用离子反应式解释之。

2. 最高、最低及中间氧化值化合物的氧化还原性

(1) 高锰酸钾的氧化性。往 0.01 mol·L^{-1} $KMnO_4$溶液中分别加入等量的 3 mol·L^{-1} H_2SO_4溶液或 6 mol·L^{-1}NaOH 溶液和 H_2O，使高锰酸钾溶液在不同介质(酸性、碱性、中型)条件下，分别与少量 0.1 mol·L^{-1} Na_2SO_3溶液作用，观察有何不同现象发生。

注意：碱性条件下 0.1 mol·L^{-1} Na_2SO_3溶液的用量要尽量少，同时碱性溶液用量不宜过少。写出有关化学反应式。

(2) 卤素原子的还原性。将少量 0.1 mol·L^{-1}KI 溶液与 0.1 mol·L^{-1} $FeCl_3$溶液在试管中混合，能否观察到有反应发生？若能反应，产物是什么？

再用饱和溴水及 0.1 mol·L^{-1}KBr 溶液等药品，设计并进行一些简单的实验，以比较：I_2/I^-，Fe^{3+}/Fe^{2+}，Br_2/Br^-电对的电极电势大小，并指出他们在所发生的反应中作为氧化物、还原剂时的相对强弱。

提示：Cl_2，Br_2，I_2在水中通常由于浓度较小，而是颜色不易显出，但他们易溶于苯或四氯化碳中；所以可加少量苯或四氯化碳，使卤素单质溶解并浓缩于有机溶质中(这一方法称为萃取)以显色。

对于 Fe^{3+}和 Fe^{2+}的鉴别，一般可利用下列反应：

$$3Fe^{2+}(aq)+2[Fe(CN)_6]^{3-}=\underset{\text{蓝色}}{Fe_3[Fe(CN)_6]_2}(s)$$

$$Fe^{3+}(aq)+[Fe(CN)_6]^{3-}=\underset{\text{综色}}{Fe[Fe(CN)_6]}(s)$$

(3) 过氧化氢的氧化还原性。往一支试管中加入 0.1 mol·L^{-1} $Pb(NO_3)_2$ 和 0.1 mol·L^{-1} Na_2S溶液，有何现象发生？往另一只试管中加入少量 0.01 mol·L^{-1} $KMnO_4$溶液，并用 3 mol·L^{-1} H_2SO_4溶液酸化。然后往上述二支试管中给加入少量质量分数为 3% H_2O_2溶液，摇匀(必要使用玻璃棒搅拌)。仔细观察现象，并解释之，写出相关的反应方程式。

---

① 欲使琥珀色明显，丙二酸的用量可适当加大。

(4)“摇摆反应”。取 5 mL 试液(Ⅰ),倒入 25 mL 量筒中,然后加入试液(Ⅱ)和试液(Ⅲ)各 5 mL 搅拌均匀。观察溶液颜色的反复变化①。

3. 氢氧化物的酸碱性

取适量 Pb^{2+},Sn^{2+},Ni^{2+},Zn^{2+},Cr^{3+},Ag^{+},Cu^{2+},Fe^{3+} 的盐分别与适量 2 mol·L^{-1} NaOH 溶液在试管中反应,产生沉淀(氢氧化物),同时观察沉淀颜色。

在分别用酸及碱溶液试验这些氢氧化物的酸碱性,例如,$Cu(OH)_2$ 的酸碱性要用 6 mol·L^{-1}NaOH试验,AgOH 沉淀应用硝酸来试验,观察沉淀是否溶解以确定氢氧化物的酸碱性。列表表示上述金属离子与适量 NaOH 反应的产物及其酸碱性。

4. 氯化物与水的作用

(1)往三支试管中分别加入少许(约米粒大小)NaCl,$MgCl_2$,$AlCl_3$ 固体,然后各加入 1~2 mL 去离子水,观察溶解情况,并检验溶液的酸碱性(用 pH 试纸测试)。写出有关化学反应式,并指出各氯化物水溶液的酸碱性。

(2)往一支试管中加入少许(约米粒大小,切不可多加)$SnCl_2$ 晶体,然后加入 1~2 mL去离子水,观察溶解情况,并检验溶液的酸碱性(用 pH 试纸测试)。往另一支试管中加入 1~2 mL 去离子水,并用适量浓(纯)盐酸化,然后加入少许 $SnCl_2$ 晶体,观察其溶解情况并与第一支试管相比有何不同。

五、思考题

(1)在高锰酸钾的氧化性实验中,为什么在碱性条件下,亚硫酸钠溶液的用量要尽量少,而与此同时碱性溶液用量不易过少?

(2)若金属氯化物能与水作用,则与其相应金属的硝酸盐或硫酸盐能否与水作用?

(3) 为什么 Cl_2,Br_2,I_2 易溶于苯或四氯化碳?

实验 16　葡萄糖含量的测定

一、实验目的

了解碘量法测定葡萄糖含量的方法。

二、实验原理

碘与 NaOH 作用可生成次碘酸钠(NaIO),葡萄糖($C_6H_{12}O_6$)能定量地被次碘酸钠(NaIO)氧化成葡萄糖酸($C_6H_{12}O_7$)。在酸性条件下,未与葡萄糖作用的次碘酸钠可转变成碘(I_2)析出,因此只要用 $Na_2S_2O_3$ 标准溶液滴定析出的 I_2,便可计算出 $C_6H_{12}O_6$ 的含量。其反应如下:

(1) I_2 与 NaOH 作用:$I_2 + 2NaOH = NaIO + NaI + H_2O$。

(2) $C_6H_{12}O_6$ 和 NaIO 定量作用:$C_6H_{12}O_6 + NaIO = C_6H_{12}O_7 + NaI$。

(3) 总反应式:$I_2 + C_6H_{12}O_6 + 2NaOH = C_6H_{12}O_7 + NaI + H_2O$。

(4) $C_6H_{12}O_6$ 作用完后,剩下未作用的 NaIO 在碱性条件下发生歧化反应:3NaIO ═══

① 可沿器壁慢慢倒入试液(Ⅰ),(Ⅱ),(Ⅲ),不要搅拌(尽量不使溶液混匀),使溶液分层。

$NaIO_3$ + 2NaI。

(5) 在酸性条件下：$NaIO_3 + 5NaI + 6HCl \xlongequal{} 3I_2 + 6NaCl + 3H_2O$。

(6) 析出过量的 I_2 可用标准 $Na_2S_2O_3$ 溶液滴定：$I_2 + 2Na_2S_2O_3 \xlongequal{} Na_2S_4O_6 + 2NaI$。

由以上反应可以看出一分子葡萄糖与一分子 NaIO 作用，而一分子 I_2 产生一分子 NaIO，也就是一分子葡萄糖与一分子 I_2 相当。此法可作为葡萄糖注射液葡萄糖含量测定。

三、试剂

(1) HCl 2 $mol \cdot L^{-1}$。

(2) NaOH 溶液 0.2 $mol \cdot L^{-1}$。

(3) $Na_2S_2O_3$ 标准溶液 0.05 $mol \cdot L^{-1}$。称取 3 g $Na_2S_2O_3$ 溶于 250 mL 水，具体标定与配制方法同碘量法测铜。

(4) I_2 溶液 0.05 $mol \cdot L^{-1}$。称取 3.2 g I_2 于小烧杯中，加 6g KI，先用约 30 mL 水溶解，待 I_2 完全溶解后，稀释至 250 mL，摇匀。储于棕色瓶中，放置暗处。

(5) 淀粉溶液 0.5%配法同碘量法测铜。

(6) KI(固体)分析纯。

四、实验步骤

(1) I_2 溶液的标定。移取 25.00 mL I_2 溶液于 250 mL 锥形瓶中，加 100 mL 蒸馏水稀释，用已标定好的 $Na_2S_2O_3$ 标准溶液滴定至草黄色，加入 2 mL 淀粉溶液，继续滴定至蓝色刚好消失，即为终点。计算出 I_2 溶液的浓度。

(2) 葡萄糖含量测定。取 5%葡萄糖注射液准确稀释 100 倍，摇匀后移取 25.00 mL 至锥形瓶中，准确加入 I_2 标准溶液 25.00 mL，慢慢滴加 0.2 $mol \cdot L^{-1}$ NaOH，边加边振荡，直至溶液呈淡黄色。加碱的速度不能过快，否则生成的 NaIO 来不及氧化 $C_6H_{12}O_6$，使测定结果偏低。将锥形瓶盖好小表皿放置 10～15 min，加 2 $mol \cdot L^{-1}$ HCl 6 mL 使成酸性，立即用 $Na_2S_2O_3$ 溶液滴定，至溶液呈浅黄色时，加入淀粉指示剂 3 mL，继续滴至蓝色消失，即为终点。记下滴定读数。

五、计算

$$C_6H_{12}O_6\%(W/V) = \frac{(2c_{I_2}V_{I_2} - c_{Na_2S_2O_3}V_{Na_2S_2O_3})M_{C_6H_{12}O_6}}{2\,000 \times 25.00} \times 100$$

六、思考题

(1) 配制 I_2 溶液时为何要加入 KI？为何要先用少量水溶解后再稀释至所需体积？

(2) 碘量法主要误差有哪些？

实验 17　药片中 Vc 含量的测定

一、实验目的

(1) 熟练掌握碘酸钾标准溶液的配制方法。

(2) 掌握碘量法测定 Vc 的原理。

(3) 掌握 Vc 的化学性质。

(4) 掌握氧化-还原滴定的原理和方法。

二、实验原理

$$IO_3^- + 6H^+ + 5I^- = 3I_2 + 3H_2O$$

$$C_6H_8O_6 + I_2 = 2HI + C_6H_6O_6$$

$$IO_3^- = 3Vc$$

三、实验步骤

(1) 0.01 $mol \cdot L^{-1} KIO_3$标准溶液的配制。准确称取 0.5～0.6 g 干燥过的纯 KIO_3。用少量蒸馏水溶解后，定量转移到 250 mL 容量瓶中，用水稀释至标线，充分摇匀。计算 KIO_3的物质的量浓度。

(2) 药片中 Vc 的测定。准确称量 2 片试样，碾碎，尽量细一些，将其分别置于 2 个碘量瓶中，加入约 50 mL 蒸馏水(新煮沸又冷却过)3 mL 1 $mol \cdot L^{-1}$ HCl 和 1 gKI。当药片化开时，Vc 溶解，药片中除 Vc 之外的结合剂将作为细小的固体物留在溶液中。为加速溶解过程，可用玻璃棒小心碾碎药片。当药片完全化开后，加入 2 mL 0.5%淀粉指示剂，立即用 KIO_3标准溶液滴定到溶液呈蓝色为终点，计算药片中 Vc 的含量(以 mg/片表示)。重复测定一次。

四、数据处理

$$3C_6H_8O_6 = IO_3^-$$

$$3M/176 = c_{KIO_3} \times V_{KIO_3}/1\,000$$

式中，176 为 Vc 的相对分子质量，M 为测量的 Vc 的质量(g)。

五、注意事项

为减少由于抗坏血酸被空气氧化所造成的误差，必须在第一份试样做完后，再溶解第二份试样。

实验 18　硫酸亚铁铵的制备

一、实验目的

(1) 制备复盐硫酸亚铁铵，了解复盐的特性。

(2) 综合学习和掌握一般无机物制备的基本方法和基本操作。

二、实验原理

铁屑溶于 H_2SO_4生成 $FeSO_4$：

$$Fe + H_2SO_4 \longrightarrow FeSO_4 + H_2\uparrow$$

等物质的量的 $FeSO_4$ 与 $(NH_4)_2SO_4$ 作用，能生成溶解度较小的硫酸亚铁铵 $(NH_4)_2SO_4 \cdot FeSO_4 \cdot 6H_2O$，商品名称为莫尔盐。

$$FeSO_4 + (NH_4)_2SO_4 + 6H_2O \longrightarrow (NH_4)_2SO_4 \cdot FeSO_4 \cdot 6H_2O$$

一般亚铁盐在空气中易被氧化，但形成复盐后就比较稳定，因此在定量分析中常用来配制亚铁离子的标准溶液。

和其他复盐一样，$(NH_4)_2SO_4 \cdot FeSO_4 \cdot 6H_2O$ 在水中溶解度比组成的每一组分（$FeSO_4$ 或 $(NH_4)_2SO_4$）的溶解度都要小。三种盐的溶解度数据列于下表。

表 4－11　三种盐的溶解度（g /100g）

温度/℃	$FeSO_4 \cdot 7H_2O$	$(NH_4)_2SO_4$	$FeSO_4 \cdot (NH_4)_2SO_4 \cdot 6H_2O$
10	20.0	73.0	17.2
20	26.5	75.4	21.6
30	32.9	78.0	28.1

三、操作步骤

(1) 铁屑的净化。称取 2g 铁屑，放于锥形瓶内，加入 15 mL10％Na_2CO_3，小火加热 10min 以除去铁屑中的油污，用倾注法倒掉碱液并用水把铁屑洗净。

(2) $FeSO_4$的制备。往盛有铁屑的锥形瓶中加入 15 mL 3 $mol \cdot L^{-1}$ H_2SO_4，放在水浴中加热（在通风橱中进行）至不再有气泡放出，趁热减压过滤，用少量热水洗涤锥形瓶及漏斗上的残渣，抽干。将溶液倒入蒸发皿中。将留在锥形瓶内和滤纸上的残渣收集在一起用碎滤纸吸干后称重，由已作用的铁屑质量算出溶液中 $FeSO_4$的量。

(3) $(NH_4)_2SO_4 \cdot FeSO_4 \cdot 6H_2O$ 的制备。根据溶液中 $FeSO_4$的量，按反应方程式计算并称取固体 $(NH_4)_2SO_4$的量，倒入上面制得的 $FeSO_4$溶液中。搅拌均匀，水浴蒸发，浓缩至表面出现结晶薄膜为止。放置冷却，得 $(NH_4)_2SO_4 \cdot FeSO_4 \cdot 6H_2O$ 晶体。减压过滤除去母液，再用少量乙醇洗去晶体表面的水分，抽干。将晶体取出，摊在两张吸水纸之间并轻压吸干。观察晶体的颜色和形状。称重，计算产率。

$$m[(NH_4)_2SO_4] = \frac{m(Fe)M[(NH_4)_2SO_4]}{M(Fe)}$$

四、数据处理

$$m_{实际} = m(样品+表面皿) - m(表面皿)$$

(1) $产率 = \dfrac{实际产量(g)}{理论产量(g)} \times 100\%$

(2) $m_{理论} = \dfrac{M[(NH_4)_2SO_4 \cdot FeSO_4 \cdot 6H_2O]}{M[(NH_4)_2SO_4]} \times m[(NH_4)_2SO_4]$

五、学习掌握有关操作

(1) 台秤的使用，倾注法过滤，蒸发皿的使用及蒸发注意事项。

(2) 减压过滤，晶体洗涤，干燥。

六、思考题

(1) 制备 $FeSO_4$时为何会有异味？

(2) 制备 $FeSO_4$时，要求铁过量还是 H_2SO_4过量？为什么？

(3) 浓缩$(NH_4)_2SO_4 \cdot FeSO_4 \cdot 6H_2O$时能否浓缩至干，为什么？为什么用乙醇洗涤$(NH_4)_2SO_4 \cdot FeSO_4 \cdot 6H_2O$晶体，而不用蒸馏水？

实验 19　粗食盐的提纯

一、实验目的

(1) 熟悉粗食盐的提纯过程及基本原理。

(2)学习称量、过滤、蒸发及减压抽滤等基本操作。

(3) 定性地检查产品纯度。

二、实验原理

粗食盐中通常有 K^+，Ca^{2+}，Mg^{2+}，SO_4^{2-}，CO_3^{2-} 等可溶性杂质的离子，还含有不溶性的杂质如泥沙。不溶性的杂质可用过滤、溶解的方法除去，可溶性的杂质要加入适当的化学试剂除去。

(1)加 $BaCl_2$除 SO_4^{2-}

$$Ba^{2+} + SO_4^{2-} = BaSO_4\downarrow(\text{白色})$$

(2)加 NaOH，Na_2CO_3除 Mg^{2+}，Ca^{2+}，Ba^{2+}

$$2Mg^{2+} + 2OH^- + CO_3^{2-} = Mg_2(OH)_2CO_3\downarrow(\text{白色})$$

(3)加 HCl 除过量 OH^-，CO_3^{2-}

$$OH^- + H^+ = H_2O \quad CO_3^{2-} + 2H^+ = CO_2\uparrow + H_2O$$

(4)K^+通过过滤留在母液中。

三、仪器与试剂

仪器：天平，烧杯(100 mL)，量筒(10 mL)，pH 试纸，布氏漏斗，吸滤瓶，安全瓶，水泵或空气压缩机，滤纸。

试剂：粗食盐，精盐，$BaCl_2$(1 $mol \cdot L^{-1}$)，NaOH(2 $mol \cdot L^{-1}$)，$(NH_4)_2C_2O_4$(饱和)，Na_2CO_3(1 $mol \cdot L^{-1}$)，HCl(1 $mol \cdot L^{-1}$)，镁试剂。

四、操作步骤

1. 粗食盐的提纯

(1) 溶解粗食盐。用天平称取 5.0g 粗食盐放入 100 mL 烧杯中，加 25 mL 蒸馏水，加热搅拌使大部分固体溶解，剩下少量不溶的泥沙等杂质。

(2) 除去 SO_4^{2-}离子。边加热边搅拌边滴加 1 mL1 $mol \cdot L^{-1}$ $BaCl_2$溶液，继续加热使沉淀完全。待沉淀下降后，在上层清液滴加 $BaCl_2$溶液检验 SO_4^{2-}离子是否沉淀完全。SO_4^{2-}沉淀完全后以倾注法过滤。

(3) 除去 Ca^{2+}，Mg^{2+}，Ba^{2+}离子。在滤液中加入 10 滴 2 $mol \cdot L^{-1}$ NaOH 溶液和 1.5 mL 1 $mol \cdot L^{-1}$ Na_2CO_3溶液，加热至沸。沉淀完全后以倾注法过滤。

(4) 除去 OH^-和 CO_3^{2-}离子。在滤液中逐滴 2 $mol \cdot L^{-1}$ HCl 溶液使 pH 达到 2～3。

(5) 蒸发结晶并计算产率。

2. 产品纯度检验

取粗食盐和精盐各 0.5g 放入试管内，加 6 mL 蒸馏水溶解，各分成 3 只试管，比较纯度。

(1) SO_4^{2-} 离子的检验。分别加入 2 滴 1 mol·L^{-1} $BaCl_2$溶液，观察现象。

(2) Ca^{2+}离子的检验。分别加入 2 滴饱和$(NH_4)_2C_2O_4$溶液，观察现象。

(3) Mg^{2+}离子的检验。分别加入 2 滴 2 mol·L^{-1}NaOH 溶液，1 滴镁试剂，观察现象。

五、数据记录与处理

(1) 产率$=\frac{\text{精盐质量(g)}}{\text{粗盐质量(g)}}$。

(2) 产品纯度的检验，如表 4-12 所示。

表 4-12　食盐纯度检验

待检离子	检验方法	现象(粗食盐溶液)	现象(精盐溶液)
SO_4^{2-} 离子			
Ca^{2+}离子			
Mg^{2+}离子			

六、思考题

(1) 提纯时能否用一次过滤除去 $BaSO_4$，$BaCO_3$，$CaCO_3$，$Mg_2(OH)_2CO_3$沉淀？

(2) 如何检验沉淀是否沉淀完全？

(3)能否先除 Mg^{2+}，Ca^{2+}，再除 SO_4^{2-}？

(4)为什么用乙醇洗涤 NaCl 晶体，而不用蒸馏水？

实验 20　紫外分光光度法测定饮料中的防腐剂——苯甲酸

一、实验目的

(1) 了解和熟悉紫外可见分光光度计。

(2) 掌握紫外可见分光光度法测定苯甲酸的方法和原理。

(3) 学习掌握用一元线性回归法作标准曲线的方法。

二、实验原理

为了防止食品在储存、运输过程中发生腐败、变质，常在食品中添加少量防腐剂。防腐剂使用的品种和用量在食品卫生标准中都有严格的规定，苯甲酸及其钠盐、钾盐是食品卫生标准允许使用的主要防腐剂之一。其使用量一般在 0.1%左右。苯甲酸具有芳香结构，在波长 225 nm和 272 nm 处有 K 吸收带和 B 吸收带。

由于食品中苯甲酸用量很少，同时食品中其他成分也可能产生干扰，因此一般需要预先将苯甲酸与其他成分分离。从食品中分离防腐剂常用的方法有蒸馏法和溶剂萃取法等。本实验测定雪碧中的苯甲酸，样品不用处理，苯甲酸（钠）在 225 nm 处有最大吸收，可在 225 nm 波长处测定标准溶液及样品溶液的吸光度，绘制标准曲线法，可求出样品中苯甲酸的含量。

三、仪器与试剂

仪器：721 型紫外可见分光光度计（原理和使用方法参见第 3 章），容量瓶（50 mL）。

试剂：苯甲酸标准溶液，饮料。

四、操作步骤

取苯甲酸标准溶液 2.00 ml，4.00 ml，6.00 ml，8.00 ml，10.00 mL，分别置于 50 mL 容量瓶中，用蒸馏水溶液稀释至刻度。以水为对照液，测定其中 5 号标准溶液的紫外可见吸收光谱（测定波长范围为 200～350nm），找出 λ_{max}，然后在 λ_{max} 处测定五个标准溶液的吸光度 A_i，按下面介绍的一元线性回归法绘制标准曲线。

测定饮料稀释样品在 λ_{max} 处的吸光度。

五、数据记录与处理

1. 记录数据

将标准溶液的质量浓度 ρ 和扣除 A_0 的吸光度 A_i 数据填入表 4-13 中。

表 4-13　苯甲酸标准溶液浓度及吸光度测定数据

测定次数 n	1	2	3	4	5
$\rho/(mg \cdot mL^{-1})$					
A_i					

2.（一元线性回归法）绘制标准曲线

（1）一元线性回归方程：由于存在随机（偶然）误差，即使在线性范围内，浓度分别为 ρ_1，ρ_2，ρ_3，ρ_4，ρ_5，… 的标准系列，其相应的响应信号的测量值（吸光度）A_1，A_2，A_3，A_4，A_5，… 也不一定都在一条直线上。因此，用简单的方法很难绘制出比较准确反映 A 与 ρ 之间关系的标准曲线。

紫外可见分光光度计有数据处理系统，输入标准溶液的浓度，测定标准溶液的吸光度，即可绘制出 A 与 ρ 之间关系的标准曲线。给出一元线性回归方程和相关系数。

（2）计算样品中苯甲酸含量。将实验测得（扣除空白 A_0）的样品吸光度（A_x）从曲线上找出相应的苯甲酸浓度 ρ_x，按下列公式计算样品中苯甲酸含量。也可将测得的 A_x 值代入一元线性回归方程中求得苯甲酸的浓度和样品中苯甲酸的含量，以资比较。

$$w = \frac{50\rho_x}{m \times \frac{25.0}{50.0} \times \frac{V}{50.0}}$$

式中　m —— 样品的质量（mg）；

V —— 样品测定时所取的第二次蒸馏液体积（mL）；

ρ_x —— 从标准曲线上查得样品溶液中苯甲酸钠的质量浓度（$mg \cdot mL^{-1}$）。

六、思考题

（1）举例说明日常生活中遇到的哪些食品中有防腐剂？

(2) 用什么方法从样品中把苯甲酸分离出来？

(3) 如何确定样品中防腐剂为苯甲酸？

(4) 苯甲酸通过什么排泄？

(5) 如何利用一元线性回归法绘制标准曲线及计算样品中苯甲酸的含量？

实验 21　可见分光光度法测定铁

一、实验目的

(1) 掌握邻菲咯啉分光光度法测定铁的原理和方法

(2) 学会分光光度法确定络合物组成的测定方法。

(3) 学会 72 型，722 型分光光度计的使用方法。

二、实验原理

(1)朗伯-比尔定律的数学表达式为

$$A = Kbc$$

式中，A 为吸光度；K 为比例常数；b 为液层厚度(cm)；c 为吸光物质的浓度。

(2)测定微量半微量铁的最常用的方法是邻菲咯啉法。此方法灵敏度高，准确度高，重现性好，生成的桔红色配合物十分稳定。

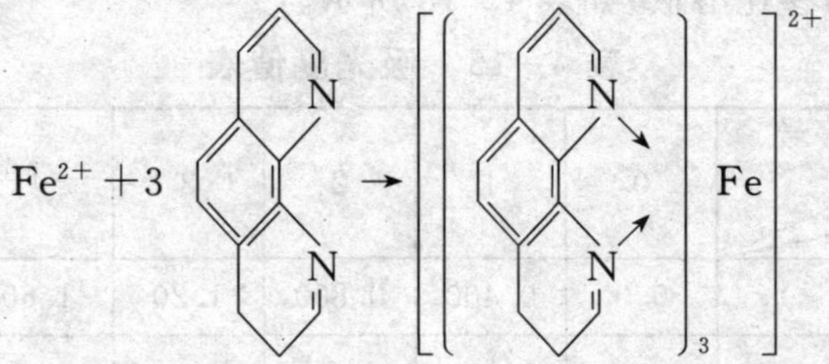

该配合物为桔红色，摩尔吸光系数 $k=1.1\times10^4\ L\cdot mol^{-1}\cdot cm^{-1}$，$\lambda_{max}$ 为 510 nm。

若溶液中存在 Fe^{3+}，必须将 Fe^{3+} 还原为 Fe^{2+}，再与邻菲咯啉反应，否则 Fe^{3+} 也会和邻菲咯啉反应生成 3∶1 的蓝色络合物，为了保证生成反应定量完成，反应前加盐酸羟胺作还原剂。

Fe^{2+} 与邻菲咯啉在 pH=2～9 都能显色，为减少其他离子干扰，通常在 pH=5 显色。

本方法具有很高的选择性。相当于铁含量 40 倍的 Sn^{4+}，Al^{3+}，Ca^{2+}，Mg^{2+}，Zn^{2+}，SiO_3^{2-}；20 倍的 Cr^{3+}，Mn^{2+}，V(Ⅴ)，PO_4^{3-}；5 倍的 Co^{2+}，Cu^{2+} 均不干扰测定。

三、仪器和试剂

72 型或 722 型分光光度计，容量瓶(50 mL)，吸量管，Fe^{2+} 标准液，Fe^{2+} 未知液，盐酸羟胺，邻菲咯啉，NaAc。

分光光度计的原理和使用方法参见第 3 章 3.4。

四、实验步骤

(1) 配制溶液。在 7 只 50 mL 容量瓶中，分别用吸量管加入 0.00 mL，0.20 mL，0.40 mL，0.60 mL，0.80 mL，1.00 mL Fe^{2+} 标准液；1.00 mL Fe^{2+} 未知液；再向上述 7 只容

量瓶中各加入还原剂(1.0 mL 盐酸羟胺);显色剂(2.0 mL 邻菲咯啉);5.0 mLNaAc 用水稀释至刻度,摇匀备用。

(2) 吸收曲线的制作。以试剂溶液作参比,用 1cm 比色皿,在 $\lambda=440\sim560$ nm 处每间隔 10 nm 测定 1.00 mL Fe^{2+} 标准液的吸光度,从吸收曲线上找到 $\lambda_{max}=510$ nm。

(3) 标准曲线制作及未知液微量铁的测定。以试剂溶液作参比,用 1 cm 比色皿,在 $\lambda_{max}=510$ nm 下分别测定 0.20 mL, 0.40 mL,0.60 mL,0.80 mL,1.00 mL Fe^{2+} 标准液吸光度,作标准曲线,并从图上找出 ρ_x,计算出原 Fe^{2+} 未知液 $\rho=\rho_x\times50$。

五、数据记录与处理

1. 吸光度数据记录(见表 4-14)

表 4-14　不同波长吸光度

波长 λ/nm	440	450	460	470	480	490	500	510	520	530	540	550	560
吸光度 A													

作吸收曲线图,确定最大吸收波长 $\lambda_{max}=$ ________ nm。

2. 标准曲线的制作和铁含量的测定

(1)数据记录(0 号为参比溶液)如表 4-15 所示。

表 4-15　吸光度值表

序号 / 数值 / 量/单位	0	1	2	3	4	5	6
$\rho(Fe^{2+})/(mg\cdot L^{-1})$	0.0	0.400	0.800	1.20	1.60	2.00	未知
吸光度 A							

(2)作标准曲线图。

(3)从标准曲线上查得容量瓶中 $\rho(Fe^{2+})=$ ________ $mg\cdot L^{-1}$;

原试液中 Fe 的质量浓度 $\rho(Fe)=$ ________ $mg\cdot L^{-1}$。

六、思考题

(1) 用邻菲咯啉法测定铁时,为什么在测定前需要加入盐酸羟胺?若不加入盐酸羟胺,对测定结果有何影响?

(2) 根据本实验结果,计算邻菲咯啉-Fe(Ⅱ)配合物在 λ_{max}时的摩尔吸收系数。

(3) 什么是朗伯-比尔定律?

(4) 偏离朗伯-比尔定律的因素有哪些?

实验 22　食用白醋中 HAc 浓度的测定

一、实验目的

(1) 了解基准物质邻苯二甲酸氢钾($KHC_8H_4O_4$)的性质及其应用。

(2) 掌握 NaOH 标准溶液的配制、标定及保存要点。

(3) 掌握强碱滴定弱酸的滴定过程、突跃范围及指示剂的选择原理。

二、实验原理

醋酸为有机弱酸(K_a＝1.8×10－5),与 NaOH 反应式为

$$HAc+NaOH=NaAc+H2O$$

反应产物为弱酸强碱盐,滴定突跃在碱性范围内,可选用酚酞等碱性范围变色的指示剂。食用白醋中醋酸含量大约为 30～50 mg・mL^{-1}。

三、仪器与试剂

仪器:250 mL 锥形瓶,碱式滴定管。

试剂:NaOH(0.1 mol・L^{-1}),酚酞指示剂(0.2%乙醇溶液),邻苯二甲酸氢钾($KHC_8H_4O_4$)基准物质在 100～125℃干燥 1 h 后,置于干燥器中备用。

四、实验内容

(1) 0.1 mol・L^{-1}NaOH 标准溶液浓度的标定。在称量瓶中以差减法称量 $KHC_8H_4O_4$ 3 份,每份 0.4～0.6 g,分别倒入 250 mL 锥形瓶中,加入 40～50 mL 蒸馏水,待试剂完全溶解后,加入 2～3 滴酚酞指示剂,用待标定的 NaOH 溶液滴定至呈微红色并保持半分钟即为终点,计算 NaOH 溶液的浓度和各次标定结果的相对偏差。

(2) 食用白醋含量的测定。准确移取食用白醋 25.00 mL 置于 250 mL 容量瓶中,用蒸馏水稀释至刻度、摇匀。用 50 mL 移液管取 3 份上述溶液,分别置于 250 mL 锥形瓶中,加入酚酞指示剂 2～3 滴,用 NaOH 标准溶液滴定至微红色在 30 s 内不褪色即为终点。计算每 100 mL食用白醋中含醋酸的质量。

五、思考题

(1) 标定 NaOH 标准溶液的基准物质常用的有哪几种?本实验选用的基准物质是什么?与其他基准物质比较,它有什么显著的优点?

(2) 称取 NaOH 及 $KHC_8H_4O_4$ 各用什么天平?为什么?

(3) 已标定的 NaOH 标准溶液的保存时吸收了空气中的 CO_2,以它测定 HCl 溶液的浓度,若用酚酞为指示剂,对测定结果产生何种影响?改用甲基橙为指示剂,结果如何?

(4) 测定食用白醋含量时,为什么选用酚酞为指示剂?能否选用甲基橙或甲基红为指示剂?

(5) 酚酞指示剂由无色变为微红时,溶液的 pH 值为多少?变红的溶液在空气中放置后

又会变为无色的原因是什么?

实验23 从茶叶中提取咖啡因

一、实验目的

了解升华的原理、意义。学习实验室常用的升华方法。

二、实验原理

固体物质具有较高的蒸气压时,往往不经过熔融状态就直接变成蒸气,蒸气遇冷,再直接变成固体,这种物态变化过程叫做升华。容易升华的物质含有不挥发性杂质时,可以用升华方法进行精制。用这种方法制得的产品,纯度较高,但损失也较大。把待精制的物质放入瓷蒸发皿中。用一张穿有若干小孔的圆滤纸把锥形漏斗的口包起来,把此漏斗倒盖在蒸发皿上,漏斗颈部塞一团疏松的棉花,如图4-6(a)所示。

在沙浴或石棉铁丝网上将蒸发皿加热,逐渐地升高温度,使待精制的物质气化,蒸气通过滤纸孔,遇到冷的漏斗内壁,又凝结为晶体,附着在漏斗的内壁和滤纸上。在滤纸上穿小孔可防止升华后形成的晶体落回到下面的蒸发皿中。较大量物质的升华,可在烧杯中进行。烧杯上放置一个通冷水的烧瓶,使蒸气在烧瓶底部凝结成晶体并附着在瓶底上(见图4-6(b))。对于常压下不能升华或升华得很慢的一些物质,常常在减压下进行升华。为此,可使用图4-7所示的装置。升华前,必须把待精制的物质充分干燥。减压升华法特别适用于常压下其蒸气压不大或受热易分解的物质从升华空间到冷却面间的距离应尽可能短(为了获得高的升华速度)。因为升华作用是在固体的表面上发生的,所以样品通常应当磨得很细。升华的温度越高,升华的速度就越快,但这样会导致微晶的生成,升华物的纯度就低了。升华和重结晶相比,其优点是:升华通常能得到很纯净的产品,不论产品的量有多少,即使是微量也可用升华的方法提纯。

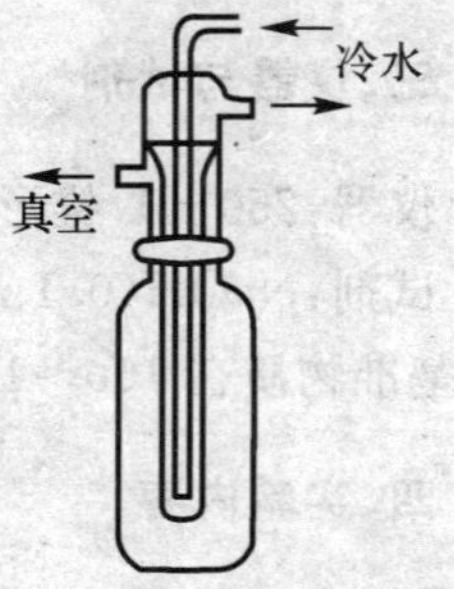

图4-7 减压升华装置图

茶叶中含有多种生物碱,其中以咖啡碱(又称咖啡因)为主,约占1%~5%。另外,还含有11%~12%的丹宁酸(又名鞣酸)、0.6%的色素、纤维素、蛋白质等。咖啡因是弱碱性化合物,易溶于氯仿(12.5%)、水(2%)及乙醇(2%)等。在苯中的溶解度为1%(热苯为5%)。丹宁酸易溶于水和乙醇,但不溶于苯。咖啡因是杂环化合物嘌呤的衍生物,它的化学名称是1,3,7-三甲基-2,6-二氧嘌呤。其结构式如下:

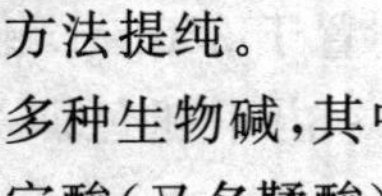

嘌呤

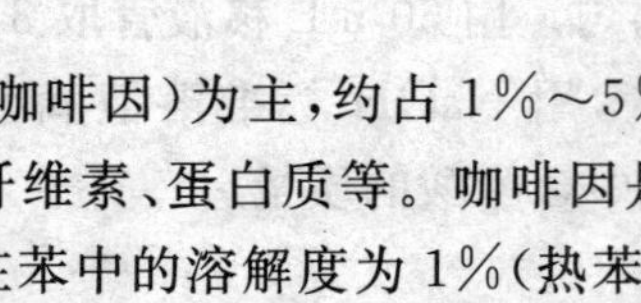

咖啡因(1,3,7-三甲基-2,6-二氧嘌呤)

含结晶水的咖啡因系无色针状结晶,味苦,能溶于水、乙醇、氯仿等。在100℃时即失去结晶水，并开始升华，120℃时升华相当显著，至178℃时升华很快。无水咖啡因的熔点为234.5℃。为了提取茶叶中的咖啡因，往往利用适当的溶剂(氯仿、乙醇、苯等)在索式提取器中连续抽提，然后蒸去溶剂，即得粗咖啡因。粗咖啡因还含有其他一些生物碱和杂质，利用升华，可进一步提纯。工业上，咖啡因主要通过人工合成制得。它具有刺激心脏、兴奋大脑神经和利尿等作用，因此可作为中枢神经兴奋药。它也是复方阿司匹林(A.P.C)等药物的组成之一。

三、仪器与试剂

仪器：烧杯，蒸发皿，玻璃漏斗。

试剂：茶叶①，石灰粉。

四、实验内容

称取5 g茶叶末，放入250 mL烧杯中，加入100 mL水，加热煮沸20 min，温度不要太高，不能煮干。稍冷后取出茶叶，挤干，溶液放入烧杯中，加热浓缩至约10 mL。将浓缩液转移至蒸发皿中，拌入3～4 g生石灰粉②，搅成糊状，在蒸气浴上蒸干，除去水分，使成粉状(不断搅拌，压碎块状物)。最后将蒸发皿移至铺有一层细砂的石棉网上，用酒精灯小火加热，砂层温度不超过110℃，焙炒片刻，使水分全部除去。冷却后，擦去沾在边上的粉末，以免在升华时污染产品。在蒸发皿上盖一张刺有许多小孔且孔刺向上的滤纸，取一只大小合适的玻璃漏斗，颈部塞一小团棉花，罩在蒸发皿上，小心加热升华③。用酒精灯隔着石棉网小心加热，适当控制温度④，尽可能使升华速度减慢，提高结晶纯度。如发现有棕色烟雾时，即升华完毕，停止加热。冷却后，揭开漏斗和滤纸，仔细地把附在纸上及器皿周围的咖啡碱结晶用小刀刮下。残渣经拌和后，在较高的温度下再加热片刻，使升华完全。合并两次升华收集的咖啡因，可测定熔点。无水咖啡因的熔点为234.5℃。

实验24　己二酸的制备

一、实验目的

(1) 学习用环己醇氧化制备己二酸的原理和方法。

(2) 掌握浓缩、过滤、重结晶等操作技能。

二、实验原理

己二酸是合成尼龙-66的主要原料之一，可以用硝酸或高锰酸钾氧化环己醇制得。

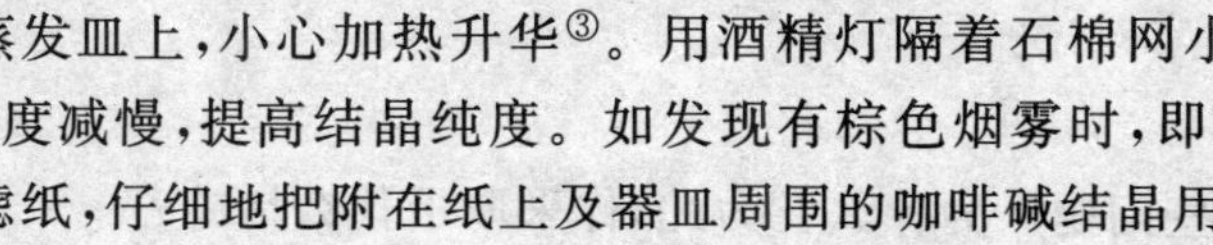

---

① 红茶中含咖啡因约3.2%，绿茶含咖啡因约2.5%，本实验可选红茶。

② 生石灰起吸水和中和作用，以除去丹宁酸等酸性物质。

③ 如水分未能除尽，在下一步加热升华开始时，漏斗内出现水珠。若遇此情况，则用滤纸迅速擦干并继续升华。

④ 升华操作是本实验成败的关键，在升华的过程中始终都需严格控制加热温度，温度太高时，被烘物碳化，把一些有色物带出来，使产品不纯。进行再升华时，加热温度也应严格控制，否则被烘物大量冒烟，导致产物不纯和损失。

三、仪器与试剂

仪器：三颈烧瓶(250 mL)，磁力搅拌器，抽虑装置。

试剂：环己醇，碳酸钠，高锰酸钾，浓硫酸。

四、实验操作步骤

在 250 mL 三颈烧瓶中加入 2.6 mL 环己醇和碳酸钠水溶液(3.8g 碳酸钠溶于 35 mL 温水中)在磁力搅拌器下分批加入 12g 高锰酸钾，约需要 2.5 h，加入时控制反应温度始终大于 30℃，加完后继续搅拌，直至反应温度不再上升，然后在 50℃水浴中加热并不断搅拌。反应过程中有大量的二氧化锰产生。

将反应混合物抽虑，用 10 mL10％的碳酸钠溶液洗涤滤渣，搅拌，慢慢滴加浓硫酸直至溶液呈强酸性，已二酸沉淀析出，冷却、抽虑、晾干。产量约为 2.2 g。

五、提示及注意事项

(1) 加入高锰酸钾后，反应可能不立即进行，可用温水浴温热，当温度升到 30℃时，必须立即停止温开水加热，改放热反应自动进行。

(2) 在二氧化锰残渣中易夹杂已二酸钾盐，要用碳酸钠溶液把它洗涤下来。

六、思考题

本实验应注意哪些问题？为什么？为此，你采取了什么措施？

实验 25　蛋壳中碳酸钙含量的测定

一、实验目的

对于实际试样的处理方法(如粉碎、过筛等)有所了解。

二、实验原理

蛋壳的主要成分为 $CaCO_3$，将其研碎并加入已知浓度的过量 HCl 标准溶液，即发生下述反应：

$$CaCO_3 + 2HCl = Ca^{2+} + CO_2\uparrow + H_2O$$

过量的 HCl 溶液用 NaOH 标准溶液返滴定，由加入 HCl 的物质的量与返滴定所消耗的 NaOH 的物质的量之差，即可求得试样中 $CaCO_3$ 的含量。

三、仪器与试剂

仪器：标准筛(80～100 目)，250 mL 锥形瓶，碱式滴定管。

试剂：HCl 标准溶液(0.1 mol/L)，NaOH 标准溶液(0.1 mol/L)，甲基橙(1 g/L)。

四、实验内容

将蛋壳去内膜并洗净，烘干后研碎，使其通过 80～100 目的标准筛，准确称取 3 份 0.1 g

此试样，分别置于 250 mL 锥形瓶中，用滴定管逐滴加入 HCl 标准溶液 40.00 mL，并放置 30 min，加入甲基橙指示剂，以 NaOH 标准溶液返滴定其中的过量 HCl 至溶液由红色刚刚变为黄色即为终点。计算蛋壳试样中 $CaCO_3$ 的质量分数。

五、思考题

(1) 研碎后的蛋壳试样为什么要通过标准筛？通过 80～100 目标准筛后的试样粒度为多少？

(2) 为什么向试样中加入 HCl 溶液时要逐滴加入，加入 HCl 溶液后为什么要放置 30min 后再以 NaOH 返滴定？

(3) 实验能否使用酚酞指示剂？

实验 26　酸碱标准溶液的配制及滴定练习

一、目的要求

(1) 学习间接法配制酸、碱标准溶液的方法。

(2) 学会制作化学试剂的标签。

(3) 学习酸、碱滴定管的洗涤、涂油、检漏、装管、排气、读数、滴定等操作方法。

(4) 学会滴定操作方法及酸碱滴定终点的正确判断。

(5) 通过比较滴定求出终点时酸、碱溶液的体积比。

二、实验原理

(1) NaOH 试剂易吸收空气中的水蒸气和 CO_2。浓 HCl 易挥发放出 HCl 气体，故它们均不能用直接法配制标准溶液，只能用间接法配制。

(2) 应达到化计点时：$c(HCl)V(HCl)=c(NaOH)V(NaOH)$。

(3) 甲基红指示剂变色范围 4.4～6.2，pH<4.4，红色；pH>6.2，黄色；滴定终点：橙色。

(4) 酚酞指示剂变色范围 8.0～9.6，pH<8.0，无色；pH>9.6，红色；滴定终点：淡红色。

三、操作步骤

(1) 配制 HCl 溶液。用洁净量筒量取 4.3～4.5 mL 浓 HCl，用蒸馏水稀释至 500 mL 后，转入磨口试剂瓶中，盖好瓶塞，充分摇匀，贴好标签备用。

(2) 配制 NaOH 溶液。由台天平迅速称取 2～2.2g 固体 NaOH 于烧杯中，加约 30 mL 无 CO_2 的蒸馏水使之溶解，然后稀释至 500 mL，转入橡皮塞试剂瓶中，盖好瓶塞，摇匀，贴好标签备用。或取 50% 的 NaOH(取上部清液)2.7～2.9 mL，倒入试剂瓶中，加蒸馏水 500 mL，摇匀，贴好标签备用。

标签内容：试剂名称、浓度、配制日期、专业、姓名。

(3) 滴定练习。

1)由“碱管”放出约 10 mL0.1 $mol \cdot L^{-1}$ NaOH 于锥形瓶中，加 10 mL 蒸馏水和 1～2 滴甲基红指示剂，用 0.1 $mol \cdot L^{-1}$ HCl 溶液滴定至由黄色变橙色。

2)由“酸管”放出 10 mL0.1 $mol \cdot L^{-1}$ HCl 溶液于另一锥形瓶中，加 10 mL 蒸馏水和 1 滴

酚酞指示剂，用 0.1 mol·L^{-1}NaOH 溶液滴定至终点(微红)，30s 不褪色。

3)酸碱相互回滴，反复辨认终点颜色，控制好滴定速度。

(4) 酸碱标准溶液比较滴定。

1)将酸(碱)式滴定管分别装好“标液”至零刻度以上，并调整液面至“0.00”刻度附近，准确记录初读数(准确至 0.01 mL)。

2)由碱管以 10 mL·min^{-1}的流速放出约 25.00 mL(准确至 0.01 mL)的 NaOH 溶液于锥形瓶中，加 1～2 滴甲基红，用 HCl 溶液滴定至溶液颜色由黄色变成橙色，准确记录酸管的终读数。

3)平行测定 2～3 次(每次测定都必须将酸、碱溶液重新装至滴定管的零刻度线附近)。计算酸碱溶液的体积比。

四、数据处理

本实验数据记录如表 4-16 所示。

表 4-16 数据记录表

样品＼次数	Ⅰ	Ⅱ	Ⅲ
HCl 终读数/mL			
HCl 初读数/mL			
HCl 用量 V(HCl)/mL			
NaOH 终读数/mL			
NaOH 初读数/mL			
NaOH 用量 V(NaOH)/mL			
V(HCl)/V(NaOH)			
V(HCl)/V(NaOH)平均值			
相对平均偏差			

五、思考题

(1) 配制 NaOH 溶液时，称量固体 NaOH 使用台秤，为什么？

(2) 配制 HCl 溶液时，为什么用量筒取浓 HCl，需要非常准确吗？

(3) 配制 NaOH，HCl 标准溶液时所用蒸馏水是否需要准确量取？

(4) 用 HCl 溶液滴定 NaOH 溶液，甲基红变色时，pH 值范围是多少？此时是否为化学计量点？计算结果应保留几位有效数字？

实验 27　混合碱的测定

一、目的要求

(1) 了解测定混合碱的原理。

(2) 掌握用双指示剂法测定混合碱的方法。

二、实验原理

工业混合碱通常是 Na_2CO_3 与 NaOH 或 Na_2CO_3 与 $NaHCO_3$ 的混合物，可用双指示剂法测定其含量。

试样若为 Na_2CO_3 与 NaOH 混合物。由于 NaOH 为一元强碱，它与强酸 HCl 的滴定反应在水溶液中，是所有酸碱反应中完全程度最高的，突跃范围最大很容易准确滴定，到达化学计量点时 pH＝7.0，而 Na_2CO_3 为二元弱碱，分两步解离，其 $K_{b1}^{\ominus}=2.08\times10^{-4}$，$K_{b2}^{\ominus}=2.33\times10^{-8}$ 且 $K_{b1}^{\ominus}/K_{b2}^{\ominus}\approx10^4$，由多元碱能被强酸滴定的条件 $cK_b^{\ominus}\geqslant10^{-8}$ 及能被分步滴定的条件是 $K_{b1}^{\ominus}/K_{b2}^{\ominus}\geqslant10^4$ 可知，Na_2CO_3 第一步和第二步解离产生的 OH^- 均可勉强被分步滴定，有两个突跃。第一化学计量点产物 Na_2HCO_3 为两性物质，终点时：

$$pH=\sqrt{K_{a1}^{\ominus}K_{a2}^{\ominus}}=\sqrt{\frac{K_w^{\ominus}}{K_{b2}^{\ominus}}\cdot\frac{K_w^{\ominus}}{K_{b1}^{\ominus}}}=-\lg\sqrt{4.2\times10^{-7}\times5.6\times10^{-11}}\approx8.3$$

以酚酞为指示剂，在酚酞变色（变色范围 8.0～9.6）NaOH 被完全滴定，而 Na_2CO_3 被滴定至 $NaHCO_3$，滴定反应到达第一化学计量点。设此时用去盐酸的体积为 V_1 mL，其滴定反应为

$$NaOH+HCl=NaCl+H_2O$$
$$Na_2CO_3+HCl=NaHCO_3+NaCl$$

第一化学计量点后，继续用盐酸滴定，则滴定反应为

$$NaHCO_3+HCl=NaCl+H_2CO_3$$
$$\qquad\qquad\qquad\qquad\quad\llcorner\!\rightarrow CO_2+H_2O$$

到达第二化学计量点时产物为 H_2CO_3 (CO_2+H_2O)，在室温下，CO_2 饱和溶液浓度约为 0.04 $mol\cdot L^{-1}$。

$$pH=-\lg\sqrt{cK_{a1}^{\ominus}}=-\lg\sqrt{0.04\times4.2\times10^{-7}}\approx3.9$$

第一计量点后，可加甲基橙（变色范围 3.1～4.4）作指示剂，用 HCl 标准溶液继续滴定至溶液由黄色变为橙色。设此时所消耗的 HCl 标准溶液的体积为 V_2 mL。滴定 Na_2CO_3 所需 HCl 溶液是两次滴定加入的，两次用量相等。故滴定 NaOH 所消耗的 HCl 溶液的用量为 V_1-V_2。

$$\omega(NaOH)=\frac{c(HCl)(V_1-V_2)M(NaOH)}{m_s},\quad \omega(Na_2CO_3)=\frac{c(HCL)V_2M(Na_2CO_3)}{m_s}$$

试样为 Na_2CO_3 与 $NaHCO_3$ 的混合物，$V_1<V_2$，

$$\omega(Na_2CO_3)=\frac{c(HCl)V_1M(Na_2CO_3)}{m_s},\quad \omega(NaHCO_3)=\frac{c(HCl)(V_2-V_1)M(NaHCO_3)}{m_s}$$

三、操作步骤

准确称取 2～2.2g（准确至 0.1mg）混合碱样品于 150 mL 烧杯中，加 50 mL 蒸馏水溶解，然后定量转移至 250 mL 容量瓶中，加蒸馏水至刻度，摇匀。用 25 mL 移液管移取试液 3 份，分别置于 3 个锥形瓶中，各加入两滴酚酞指示剂，用 HCl 标准溶液滴定至红色恰好消失，记下 HCl 用量 V_1 mL。然后加入两滴甲基橙，继续用 HCl 标准溶液滴定至溶液由黄色变为橙色（接近终点时应剧烈摇动锥形瓶），记录 HCl 溶液的体积 V_2 mL。计算混合碱中各组分的

含量。

四、数据处理

数据处理如表 4-17 所示。

表 4-17　混合碱 Na_2CO_3+NaOH(或 Na_2CO_3+$NaHCO_3$)的测定

混合碱样品及称量瓶质量 m_1/g				
倾出后混合碱样品及称量瓶质量 m_2/g				
混合碱样品质量 m/g				
测定时混合碱样品质量 m_s/g($m_s=m\times25/250$)				
	测定序号	1	2	3
第一化学计量点（酚酞变色）	HCl 终读数/mL			
	HCl 初读数/mL			
	V_1(HCl)/mL			
第二化学计量点（甲基橙变色）	HCl 终读数/mL			
	HCl 终读数/mL			
	V_2(HCl)/mL			
混合碱组				
成混合碱中各组分含量	$\omega(Na_2CO_3)$			
	ω(NaOH 或 $NaHCO_3$)			
平均值	$\bar{\omega}(Na_2CO_3)$			
	$\bar{\omega}$(NaOH 或 $NaHCO_3$)			

五、思考题

(1) Na_2CO_3是食用碱主要成分，其中常含有少量的 $NaHCO_3$。能否用酚酞指示剂，测定 Na_2CO_3含量？

(2) 为什么移液管必须要用所移取溶液润洗，而锥形瓶则不准用所装溶液润洗？

实验 28　铵盐中含氮量的测定

一、目的要求

(1) 掌握甲醛法测定铵盐中含氮量的原理。

(2) 学会用酸碱滴定法间接测定氮肥中的含氮量。

二、实验原理

$(NH_4)_2SO_4$是常用的氮肥之一。因为 NH_4^+ 的酸性太弱($K_a=5.6\times10^{-10}$)，所以无法用 NaOH 直接滴定，可将铵盐与甲醛作用，反应定量生成质子化的六次甲基四铵($K_a=7.1\times$

10^{-6})和 H^+。然后用 NaOH 标准溶液直接滴定,终点时溶液呈弱碱性,可用酚酞作指示剂。其反应式为

$$4NH_4^+ + 6HCHO \Longrightarrow (CH_2)_6N_4H^+ + 6H_2O + 3H^+$$

三、操作步骤

(1) 配制中性 18%甲醛。取 37%甲醛于烧杯中,加等量水稀释一倍,滴入 1~2 滴酚酞,用 NaOH 溶液滴定至甲醛溶液呈微红色即可。

(2) 称样与定容。差减法准确称取 1.4~1.5 g$(NH_4)_2SO_4$试样(准确至 0.1mg)于烧杯中,加约 30 mL 蒸馏水溶解,定量转移至 250 mL 容量瓶中定容,摇匀。

(3) 测定。用移液管吸取 25.00 mL$(NH_4)_2SO_4$试液于锥形瓶中,加入 5 mL18%中性甲醛,放置 5 min 后。加入 1~2 滴酚酞指示剂,用 NaOH 标准溶液滴定至终点(微红色,30s 不褪色)。记录所消耗 NaOH 溶液的体积(V),平行测定 3 次。计算试样中 N 的质量分数。

四、数据处理

计算公式 $$\bar{\omega}=\frac{c(\text{NaOH})\times V(\text{NaOH})\times M(\text{N})}{m_s}\times\frac{250.0}{25.00}$$

表 4-18 $(NH_4)_2SO_4$含氮量的测定

称样记录	倾出前(称量瓶+试样)质量 m_1/g		倾出后(称量瓶+试样)质量 m_2/g
试样质量 m_s/g	1.305 8		
测定序号	Ⅰ	Ⅱ	Ⅲ
NaOH 终读数/mL	22.80	22.82	22.80
NaOH 初读数/mL	0.00	0.00	0.00
V(NaOH)/mL	22.80	22.82	22.80
c(NaOH)/mol·L^{-1}	0.087 73		
ω(NaOH)	0.214 6	0.214 8	0.214 6
ω(NaOH)的平均值	0.214 7		
ω(NaOH)相对平均偏差	0.046%		

五、思考题

(1) 为什么中和甲醛中游离酸以酚酞作指示剂,而中和铵盐中游离酸则以甲基红作指示剂?

(2) 铵盐中含 N 量的测定为何不采用 NaOH 直接滴定法?

实验 29 工业乙醇的蒸馏与分馏

一、实验目的

(1) 学习蒸馏与分馏的原理,仪器装置及操作技术。

(2) 学习鉴定液体有机化合物纯度的方法——沸点及折光率的测定。

二、实验原理

每种纯液态化合物在一定压力下具有固定的沸点，而且沸程很小(0.5～1℃)。蒸馏是利用物质的沸点不同，将沸点相差较大的液体化合物分离开。在蒸馏过程中，蒸气中高沸点组分遇冷易冷凝成液体流回蒸馏瓶中，而低沸点的组分，遇冷较难冷凝而被大量蒸出。此时，温度在一段时间内变化不大，直到蒸馏瓶中低沸点组分极少时，温度才迅速上升，随后高沸点组分被大量蒸出，而不挥发性杂质始终残留在蒸馏瓶中。因此，我们收集某一稳定温度范围内的蒸馏液，就可初步将混合液分开，达到分离纯化的目的。

分馏与蒸馏相似，它是在圆底烧瓶与蒸馏头之间接一根分馏柱，并利用分馏柱，将多次气化—冷凝过程在一次操作中完成。一次分馏相当于连续多次简单蒸馏，因此，分馏能更有效地分离沸点接近的液体混合物。

由于纯液态化合物在一定压力下具有固定的沸点，因此，常用蒸馏法测定物质的沸点，检验物质的纯度。折光率是有机化合物最重要的物理常数之一，故也常用于液态化合物的定性鉴定和纯度检验。

三、实验操作

(1) 仪器安装。依次安装好蒸馏装置，调整温度计高度，使水银球上缘与蒸馏头支管的下缘在同一水平线上。整个装置要求无论从正面或侧面观察，各仪器的轴线都要处在同一平面内。除接液管与接收瓶连接处不用塞子外，整个装置各部分都应装配紧密，防止漏气。通入冷凝水，下端进水，上端出水。

(2) 加入样品。往蒸馏瓶中加入液体样品时，可采取直接加入法或间接加入法。直接加入法的操作是：使蒸馏瓶倾斜，然后缓慢地往蒸馏瓶中倒入液体；间接加入法的操作是：蒸馏装置安装好后，取下温度计，往蒸馏瓶上放一长颈玻璃漏斗(颈口要伸到蒸馏瓶支管以下)，然后倒入液体。

(3) 加热蒸馏。往蒸馏瓶中加入液体样品及1～2粒沸石后，先通冷凝水，再加热。刚开始加热速度可稍快，待液体沸腾后，调节加热速度，使馏出液的蒸出速度为每秒1～2滴为宜。(此时温度计水银球上挂有液滴)。记录下从蒸馏支管落下第一滴蒸馏液的温度 t_1，待温度升至所需沸点范围并恒定不变时，换一干燥的接收器收集，并记录此温度 t_2，当温度再上升1℃时，即停止蒸馏，并记录此温度 t_3。$t_2 \sim t_3$ 即为95%乙醇的沸程。

蒸馏完毕，先移去热源，待体系稍冷后关闭冷凝水，然后自后向前拆卸装置，拆卸顺序与安装顺序恰好相反。

分馏操作：依次安装各仪器，其操作步骤同蒸馏操作。

(4) 产品纯度分析。由蒸馏或分馏得到的乙醇，用阿贝折射仪测定折光率来检验其纯度。测定样品前，对折光仪的读数先进行校正。校正完好，才可进行测定。测定的方法步骤为：

1) 打开棱镜，用擦镜纸沾少量乙醚或丙酮，顺同一方向轻轻擦上、下棱镜面(注意切勿用滤纸)，晾干后，取乙醇2～3滴滴加在辅助棱镜的磨砂面上(**注意：滴管不要磕、碰、触及磨砂面**)，迅速关闭棱镜并锁紧。

2) 调节反光镜，使两镜筒内视场明亮。

3) 旋转棱镜转动手轮，直到望远镜内可观察到明暗分界线。若出现色散光带，转动消色散棱镜手轮，消除色散，使明暗分界线清晰。再转动棱镜转动手轮，使明暗分界线恰好落在"十"字交叉点上，记录读数(**注意：打开小反光镜**)，重复测定2～3次，求其平均值，即为所测样品的折光率。

注意：要同时记录测定时的温度，因为温度对折光率有着一定的影响。

(5) 计算回收率。

四、计算与结果

本实验数据记录如表4－19所示。

(1)

表4－19　温度记录表

前馏分温度 t_1/℃	正馏分温度 t_2～t_3/℃

(2) 折光率：

五、思考题

(1) 进行蒸馏或分馏时，为什么要加入沸石？如果蒸馏前忘记加沸石，液体接近沸点时，你将如何处理？沸腾的液体冷却后要继续进行蒸馏，原先用过的沸石能否继续使用？为什么？

(2) 在蒸馏过程中，为什么要控制蒸馏速度为每秒1～2滴？蒸馏速度过快时对实验结果有何影响？

(3) 温度计水银球的上部为什么要与蒸馏头侧管的下限在同一水平线上？过高或过低会造成什么结果？

(4) 纯粹的液体化合物在一定压力下有固定的沸点。若某液体具有恒定的沸点，能否认为它一定是纯物质？为什么？

(5) 蒸馏时，蒸馏瓶中的液体可以全部蒸干，对吗？

(6) 蒸馏乙醇时，不用水浴或由加热套加热，直接用明火加热，可以吗？

(7) 除了接液管与接收瓶连接处外，其他各处仪器连接处漏气，可以吗？

(8) 蒸馏速度越快越好吗？

(9) 当加热至馏出液滴下时，才发现冷凝管未通水，能否马上通水？

(10) 蒸馏完毕，先停止通冷凝水，再停止加热，对吗？

(11) 蒸馏完毕，拆卸装置，其拆卸顺序与安装顺序相同，对吗？

(12) 共沸混合物可以用蒸馏或分馏的方法分离，对吗？

(13) 测定折光率时，每次测定前后都要擦洗折光仪的棱镜面吗？

实验30　配合物的性质

一、目的要求

(1) 了解配离子的形成及其与简单离子的区别。

(2) 从配离子解离平衡的移动，进一步了解稳定常数的意义。

(3) 理解配位平衡的移动。

(4) 了解螯合物的形成及特点。

二、实验原理

配离子在水溶液中存在配位平衡，如$[Cu(NH_3)_4]^{2+}$在水溶液中存在：

$$Cu^{2+} + 4NH_3 \rightleftharpoons [Cu(NH_3)_4]^{2+}$$

$$K_f^{\ominus} = \frac{c[Cu(NH_3)_4^{2+}]/c^{\ominus}}{[c(Cu^{2+}/c^{\ominus}][c(NH_3)/c^{\ominus}]^4}$$

$K_f^{\ominus}$ 越大，配离子越稳定，解离的趋势越小。在配离子溶液中加入某种沉淀剂或某种能与中心原(离)子配位形成更稳定的配离子的配位剂时，配位平衡将发生移动，生成沉淀或更稳定的配离子。当溶液的酸度增大时，若配离子是由易得质子的配位体组成，将使配位平衡发生移动，配离子解离。

中心原(离)子与配位体形成稳定的具有环状结构的配合物，称为螯合物。常用于实验化学中鉴定金属离子，如 Ni^{2+} 离子的鉴定反应就是利用 Ni^{2+} 离子与丁二酮肟在弱碱性条件下反应，生成玫瑰红色螯合物。

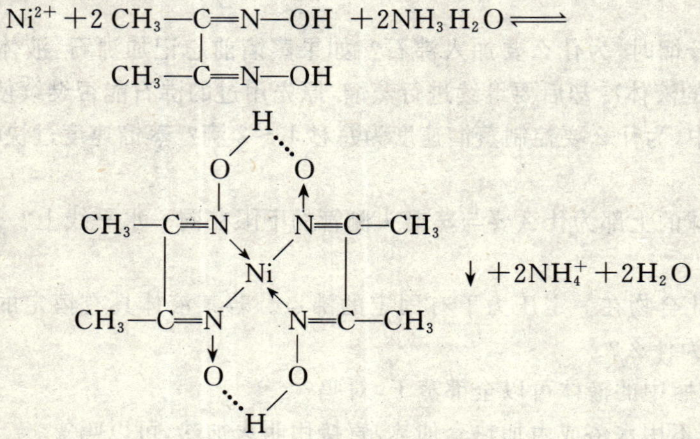

三、操作步骤

1. 配合物的制备

(1)含配阳离子的配合物。往试管中加入约 2 mL0.1 mol·L^{-1} $CuSO_4$，逐滴加入 2 mol·$L^{-1}$$NH_3 \cdot H_2O$，直至最初生成的沉淀溶解。注意沉淀和溶液的颜色。向此溶液中加入约 4 mL 乙醇(以降低配合物在溶液中的溶解度)，观察深蓝色$[Cu(NH_3)_4]SO_4$结晶的析出。过滤，弃去滤液。在漏斗颈下面接一支试管，然后慢慢逐滴加入 2 mol·$L^{-1}$$NH_3 \cdot H_2O$ 于晶体上，使之溶解(约需 2 mL$NH_3 \cdot H_2O$，太多会使制得的溶液太稀)。保留此溶液供下面的实验使用。

(2)含配阴离子的配合物。往试管中加入 3 滴 0.1 mol·L^{-1} $HgCl_2$(**有毒!!**)，逐滴加入 0.1 mol·L^{-1}KI，边加边摇，直到最初生成的沉淀完全溶解。观察沉淀及溶液的颜色。

2. 配位平衡及其移动

(1)往试管中加入 2 滴 0.1 mol·$L^{-1}$$FeCl_3$，加水稀释成近无色，加入 2 滴 0.1 mol·L^{-1}

KSCN，观察溶液的颜色。逐滴加入 0.1 mol·L^{-1}NaF 又有何变化？

(2)取一支试管加入 20 滴 0.1 mol·L^{-1} $AgNO_3$，然后逐滴加入 2 mol·L^{-1} $NH_3·H_2O$，直至最初生成的沉淀溶解，再多加 3～5 滴(以稳定 $Ag(NH_3)_{2+}$)。

将上面所得溶液分盛在两支试管中，分别加入 3 滴 2 mol·L^{-1}NaOH 和 0.1 mol·L^{-1} KI，观察有何不同变化。

(3)把步骤 1(1)所得的$[Cu(NH_3)_4]SO_4$溶液分装在 4 支试管中，分别加入 2 滴 0.1 mol·L^{-1} Na_2S、2 滴 0.1 mol·L^{-1} NaOH、3～5 滴 0.1 mol·L^{-1} EDTA 及数滴 1 mol·L^{-1} H_2SO_4，观察沉淀的形成和溶液的颜色。

3. 简单离子与配离子的区别

(1)取两支试管各加入 10 滴 0.1 mol·L^{-1} $FeCl_3$，然后向第一支试管中加入 10 滴 0.1 mol·L^{-1} Na_2S，边滴边摇。向第二支试管中加入 3 滴 2 mol·L^{-1}NaOH，振荡。

分取两支试管，用 0.1 mol·L^{-1} $K_3[Fe(CN)_6]$代替 $FeCl_3$ 进行实验。观察与前面的实验有何不同现象。

(2)在试管中加入 5 滴 0.1 mol·L^{-1} $FeCl_3$，再滴加 0.1 mol·L^{-1}KI 至出现红棕色，然后加入 20 滴 CCl_4 振荡。观察 CCl_4 层的颜色。

另取一支试管，加入 5 滴 0.1 mol·L^{-1} $FeCl_3$，再加入 4 mol·L^{-1} NH_4F 至溶液变为近无色，然后加入 3 滴 0.1 mol·L^{-1}KI，摇匀，观察溶液的颜色。再加入 20 滴 CCl_4 振荡，CCl_4 层为何颜色？为什么？总结(1)，(2)的实验结果，说明为什么简单离子与配离子之间在性质上有明显差别？

4. 螯合物的形成

在一支试管中加入 5 滴 0.1 mol·L^{-1} $Ni(NO_3)_2$ 溶液，观察溶液的颜色。逐滴加入 2 mol·L^{-1} $NH_3(H_2O$，每加一滴都要充分振荡，并嗅其氨味，如果嗅不出氨味，再加入第二滴，直至出现氨味，并注意观察溶液颜色。然后滴加 5 滴丁二酮肟溶液，摇动，观察玫瑰红色结晶的生成。

四、实验现象、解释及对应方程式

表 4-10 实验现象、解释及对应方程式

	现　象	解　释	方程式
1.(1)	生成天蓝色沉淀，过量 $NH_3·H_2O$ 沉淀溶解生成深蓝色溶液。加入乙醇有深蓝色结晶，加 $NH_3·H_2O$ 沉淀溶解	适量 $NH_3·H_2O$，生成碱式硫酸铜沉淀，过量 $NH_3·H_2O$，沉淀溶解，形成铜氨配离子	$2CuSO_4+2NH_3·H_2O=$ $Cu_2(OH)_2SO_4\downarrow+(NH_4)_2SO_4$ $Cu_2(OH)_2SO_4+8NH_3=$ $[Cu(NH_3)_4]SO_4+[Cu(NH_3)_4](OH)_2$
(2)	生成亮红色沉淀，加入过量 KI，沉淀溶解，生成无色溶液	加入适量 KI 生成 $HgI_2\downarrow$(亮红)，过量 KI 沉淀溶解，生成$[HgI_4]^{2-}$	$Hg^{2+}+2I^-=HgI_2\downarrow$(亮红) $HgI_2+2I^-=[HgI_4]^{2-}$(无色)

续表

	现　象	解　释	方程式
2.(1)	加水稀释，溶液近无色，加 KSCN 后呈血红色溶液，再加 NaF，溶液变无色	$K_f^\ominus[Fe(SCN)_6^{3-}] < K_f^\ominus(FeF_6^{3-})$，$K_f^\ominus$ 小的向 $K_f^\ominus$ 大的配合物转化	$Fe^{3+}+6SCN^-=[Fe(SCN)_6]^{3-}$（血红） $[Fe(SCN)_6]^{3-}+6F^-=$ $[FeF_6]^{3-}$（无色）$+6SCN^-$
(2)	生成棕色沉淀，过量 $NH_3\cdot H_2O$ 加入，沉淀溶解成无色溶液。在无色溶液中分别加入 NaOH 无反应，加入 KI 有黄色↓	Ag_2O(棕)溶于 $NH_3\cdot H_2O$，生成无色 $Ag(NH_3)_2^+$，$Ag(NH_3)_2^+$ 离解出少量 Ag^+，加入 NaOH，$c(Ag^+)c(OH^-)<K_{sp}^\ominus(AgOH)$，无沉淀生成；$c(Ag^+)c(I^-)>K_{sp}^\ominus(AgI)$，有沉淀生成	$2Ag^++2OH^-=2AgOH\downarrow$ $\to Ag_2O\downarrow+H_2O$ $Ag_2O+4NH_3+H_2O=2[Ag(NH_3)_2]OH$ $Ag(NH_3)^{2+}=Ag^++2NH_3$ $Ag^++I^-=AgI\downarrow$（黄）
(3)	① 黑色沉淀 ② 无反应 ③ 蓝绿色沉淀 ④ 淡蓝色溶液	① $c(Cu^{2+})c(S^{2-})>K_{sp}^\ominus(CuS)$ ② $c(Cu^{2+})c(OH^-)<K_{sp}^\ominus[Cu(OH)_2]$ ③ 生成更稳定配合物 ④ 酸效应使配离子解离成 Cu^{2+}	$Cu(NH_3)_4^{2+}+S^{2-}=$ $CuS\downarrow$（黑）$+4\ NH_3$ $Cu(NH_3)_4^{2+}+H_2Y^{2-}=$ $CuY^{2-}+2\ NH_4^+ +2\ NH_3$ $Cu(NH_3)_4^{2+}+4H^+=Cu^{2+}+4NH_4^+$
结论	生成沉淀、加酸或生成更稳定的配合物都可以影响配位平衡的移动		
3.(1)	① 黑色与白色沉淀 ② 红棕色沉淀 ③ 白色沉淀，黄色溶液 ④ 无沉淀生成	发生氧化还原反应生成 $Fe(OH)_3\downarrow$ $c(Fe^{3+})c(OH^-)^3>K_{sp}^\ominus[Fe(OH)_3]$ 发生氧化还原反应 $c(Fe^{3+})c(OH^-)^3<K_{sp}^\ominus[Fe(OH)_3]$	$2Fe^{3+}+3S^{2-}=FeS\downarrow$（黑）$+2S\downarrow$（白） $Fe^{3+}+3OH^-=Fe(OH)_3\downarrow$（红棕） $2Fe(CN)_6^{3-}+S^{2-}=$ $2Fe(CN)_6^{4-}$（黄）$+S\downarrow$（白）
(2)	① 溶液呈红棕色，CCl_4 层呈紫色 ② 溶液呈无色，加 KI 无变化，CCl_4 层呈无色	① 发生氧化还原反应，I_2 在 CCl_4 层显紫色。 ② 配离子生成，使 $\varphi_{Fe^{3+}/Fe^{2+}}$ 减小，不能发生氧化还原反应	$2Fe^{3+}+2\ I^-=2Fe^{2+}+I_2$ $Fe^{3+}+6F^-=[FeF_6]^{3-}$（无色）
结论	氧化型物质生成配合物，使 φ 减小，氧化型物质的氧化能力降低		
4.	加氨水生成蓝色溶液，加丁二酮肟后有红色晶体生成	生成螯合物	参见原理部分

五、思考题

(1) 配离子与简单离子有何区别？如何证明？

(2) 向 $Ni(NO_3)_2$溶液中滴加 $NH_3 \cdot H_2O$，为什么会发生颜色变化？加入丁二酮肟又有何变化？说明了什么？

(3) 通过实验总结影响配位平衡移动的因素。

4.2 综合性实验

实验 31 离子鉴定和未知物的鉴别

一、实验目的

(1) 运用所学的元素及化合物的基本性质，进行常见物质的鉴定或鉴别，进一步巩固常见的阳离子和阴离子重要反应的基本知识。

(2) 练习物质的分离、焰色反应、显色反应等操作。

二、实验原理

金属元素较多，因而由它们形成的阳离子数目也较多。最常见的阳离子大约有20余种。在阳离子的鉴定反应中，相互干扰的情况较多，很少能采用分别分析法，大都需要采用系统分析法。

完整且经典的阳离子分组法是硫化氢系统分组法，根据硫化物的溶解度不同将阳离子分成5组。此方法的优点是系统性强，分离方法比较严密；不足之处是该组试剂 H_2S，$(NH_4)_2S$ 有臭味且有毒，分析步骤也比较繁杂。在分析已知混合阳离子体系时，如果能用别的方法分离干扰离子，则最好不用或少用硫化氢系统。常用的非硫化氢系统的离子分离方法主要是利用氯化物、硫酸盐是否沉淀，氢氧化物是否具有两性，以及它们能否生成氨配合物等。

绝大多数金属的氯化物易溶于水，只有 $AgCl$，Hg_2Cl_2，$PbCl_2$ 难溶；$AgCl$ 可溶于 $NH_3 \cdot H_2O$；$PbCl_2$ 的溶解度较大，并易溶于热水，在 Pb^{2+} 浓度大时才析出沉淀。

绝大多数硫酸盐易溶于水，只有 Ca^{2+}，Sr^{2+}，Ba^{2+}，Pb^{2+}，Hg_2^{2+} 的硫酸盐难溶于水；$CaSO_4$ 的溶解度较大，只有当 Ca^{2+} 浓度很大时才析出沉淀；$PbSO_4$ 可溶于 NH_4Ac。

能形成两性氢氧化物的金属离子有 Al^{3+}，Cr^{3+}，Zn^{2+}，Pb^{2+}，Sb^{3+}，Sn^{2+}，Sn^{4+}，Cu^{2+}；在这些离子的溶液中加入适量 NaOH 时，出现相应的氢氧化物沉淀；加入过量 NaOH 后它们又会溶解成多羟基配离子，除 Ag^+，Hg^{2+}，Hg_2^{2+} 离子加入 NaOH 后生成氧化物沉淀外，其余均生成相应的氢氧化物沉淀。值得注意的是，$Fe(OH)_2$ 和 $Mn(OH)_2$ 的还原性很强，在空气中极易被氧化成 $Fe(OH)_3$ 和 $MnO(OH)_2$。

在 Ag^+，Cu^{2+}，Cd^{2+}，Zn^{2+}，Co^{2+}，Ni^{2+} 溶液中加入适量 $NH_3 \cdot H_2O$ 时，形成相应的碱式盐或氢氧化物（Ag^+ 形成氧化物）沉淀，它们全都溶于过量 $NH_3 \cdot H_2O$ 中，生成相应的氨配离子；其中 $[Co(NH_3)_6]^{2+}$ 易被空气氧化成 $[Co(NH_3)_6]^{3+}$。其他的金属离子，除 $HgCl_2$ 生成 $HgNH_2Cl$，Hg_2Cl_2 生成 $HgNH_2Cl$ 和 Hg 外，绝大多数在加入氨水时生成相应的氢氧化物沉淀，并且不会溶于过量氨水。

许多过渡元素的水合离子具有特征颜色，熟悉离子及某些化合物的颜色也会对离子的分析鉴定起良好的辅助作用。

例1 NH_{4+}，Co^{2+}，Na^+，Fe^{3+} 混合液的分离与鉴定。

分析：用焰色反应或用醋酸铀酰锌鉴定 Na^+，其他离子无干扰；用奈斯特试剂鉴定 NH_4^+，Co^{2+}，Fe^{3+} 均干扰，若采用加碱加热放出氨气的特效反应时，其他离子无干扰；Fe^{3+} 对 Co^{2+} 鉴定有干扰，但可采用离子掩蔽法消除，Co^{2+} 不干扰 Fe^{3+} 的鉴定。

方案：

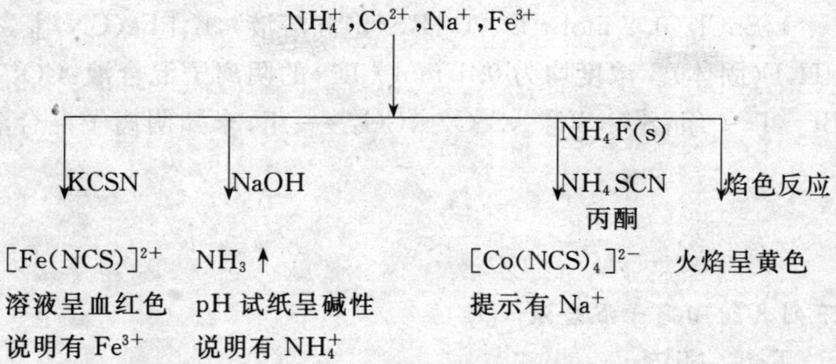

许多非金属元素可以形成简单的或复杂的阴离子，例如 S^{2-}，Cl^-，NO_{3-} 和 SO_4^{2-} 等；许多金属元素也可以以复杂阴离子的形式存在，例如 VO_3^-，CrO_4^{2-}，$Al(OH)_4^-$ 等。所以，阴离子的总数很多。常见的重要阴离子有 Cl^-，Br^-，I^-，S^{2-}，SO_3^{2-}，$S_2O_3^{2-}$，SO_4^{2-}，NO_3^-，NO_2^-，PO_4^{3-}，CO_3^{2-} 等十几种，这里主要介绍它们的分离与鉴定的一般方法。

许多阴离子只在碱性溶液中存在或共存，一旦溶液被酸化，它们就会分解或相互间发生反应。酸性条件下易分解的有 NO_2^-，SO_3^{2-}，$S_2O_3^{2-}$，S^{-2}，CO_3^{2-}；酸性条件下氧化性离子 NO_3^-、NO_2^-、SO_3^{2-} 可与还原性离子 I^-，SO_3^{2-}，$S_2O_3^{2-}$，S^{2-} 发生氧化还原反应。还有些离子易被空气氧化，例如 NO_2^-，SO_3^{2-}，S^{2-} 易被空气氧化成 NO_3^-，SO_4^{2-} 和 S 等，分析不当也容易造成错误。

由于阴离子间的相互干扰较少，实际上许多离子共存的机会也较少，因此大多数阴离子分析一般都采用分别分析的方法，只有少数相互有干扰的离子才采用系统分析法，如 S^{2-}，SO_3^{2-}，$S_2O_3^{2-}$；Cl^-，Br^-，I^- 等。

混合阴离子分离与鉴定举例：

例 2　SO_4^{2-}，NO_3^-，Cl^-，CO_3^{2-} 混合液的定性分析。

分析：由于这 4 个离子在鉴定时互相无干扰，均可采用分别分析法。

方案：

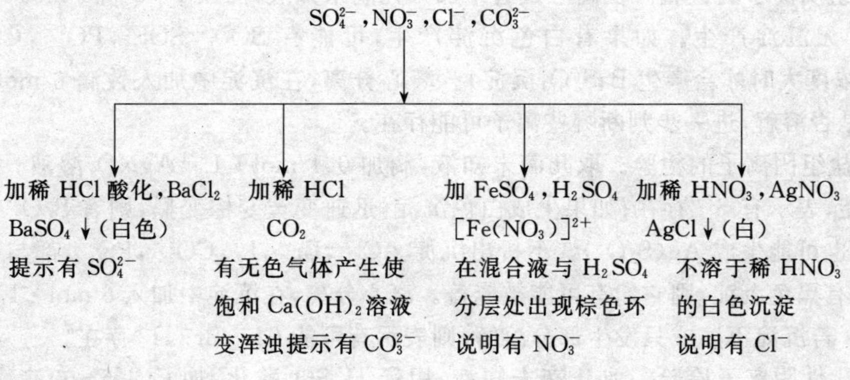

问题：该混合溶液呈中性、酸性还是碱性？为什么？

三、仪器与试剂

仪器：试管，离心试管，点滴板，搅拌棒，滴管，煤气灯，水浴烧杯，离心机等。

试剂：NaOH（2 mol·L^{-1}，6 mol·L^{-1}），氨水（6 mol·L^{-1}），HCl（2 mol·L^{-1}，6 mol·L^{-1}），H_2SO_4（1 mol·L^{-1}），HAc（6 mol·L^{-1}），KSCN（固体，0.1 mol·L^{-1}），K_2CrO_4（0.1 mol·L^{-1}），$SnCl_2$（0.2 mol·L^{-1}），H_2S（饱和溶液），$K_4[Fe(CN)]_6$，奈斯勒试剂，铝试剂，二苯硫腙，NH_4F（固体）。浓度均为0.1 mol·L^{-1}的阴离子混合液：CO_3^{2-}，SO_4^{2-}，NO_3^-，PO_4^{3-}一组；Cl^-，Br^-，I^-一组；S^{2-}，SO_3^{2-}，$S_2O_3^{2-}$，CO_3^{2-}一组；未知阴离子混合液可配5～6个离子一组。

四、实验内容

1. 分离鉴定下列3组阳离子混合液

(1) Ag^+，Pb^{2+}，Fe^{3+}，Ni^{2+}；

(2) Ba^{2+}，Fe^{3+}，Co^{2+}，Al^{3+}；

(3) NH_4^+，Cu^{2+}，Zn^{2+}，Hg^{2+}。

2. 已知阴离子混合液的分离与鉴定

按例题格式，设计出合理的分离鉴定方案，分离鉴定下列3组阴离子。

(1) CO_3^{2-}，SO_4^{2-}，NO_3^-，PO_4^{3-}；

(2) Cl^-，Br^-，I^-；

(3) S^{2-}，SO_3^{2-}，$S_2O_3^{2-}$，CO_3^{2-}。

3. 未知阴离子混合液的分析

某混合离子试液可能含有CO_3^{2-}，NO_2^-，NO_3^-，PO_4^{3-}，S^{2-}，SO_3^{2-}，$S_2O_3^{2-}$，SO_4^{2-}，Cl^-，Br^-，I^-，按下列步骤进行分析，确定试液中含有哪些离子。

(1) 初步检验。

1) 用pH试纸测试未知试液的酸碱性。如果溶液呈酸性，哪些离子不可能存在？如果试液呈碱性或中性，可取试液数滴，用3 mol·L^{-1} H_2SO_4酸化并水浴加热。若无气体产生，表示CO_3^{2-}，NO_2^-，S^{2-}，SO_3^{2-}，$S_2O_3^{2-}$等离子不存在；如果有气体产生，则可根据气体的颜色、臭味和性质初步判断哪些阴离子可能存在。

2) 钡组阴离子的检验。在离心试管中加入几滴未知液，加入1～2滴1 mol·L^{-1} $BaCl_2$溶液，观察有无沉淀产生。如果有白色沉淀产生，可能有SO_4^{2-}，SO_3^{2-}，PO_4^{3-}，CO_3^{2-}等离子（$S_2O_3^{2-}$的浓度大时才会产生BaS_2O_3沉淀）。离心分离，在沉淀中加入数滴6 mol·L^{-1} HCl，根据沉淀是否溶解，进一步判断哪些离子可能存在。

3) 银盐组阴离子的检验。取几滴未知液，滴加0.1 mol·L^{-1} $AgNO_3$溶液。如果立即生成黑色沉淀，表示有S^{2-}存在；如果生成白色沉淀，迅速变黄变棕变黑，则有$S_2O_3^{2-}$。但$S_2O_3^{2-}$浓度大时，也可能生成$Ag(S_2O_3)_2^{3-}$不析出沉淀。Cl^-，Br^-，I^-，CO_3^{2-}，PO_4^{3-}都与Ag^+形成浅色沉淀，如有黑色沉淀，则它们有可能被掩盖。离心分离，在沉淀中加入6 mol·L^{-1} HNO_3，必要时加热。若沉淀不溶或只发生部分溶解，则表示有可能Cl^-，Br^-，I^-存在。

4) 氧化性阴离子检验。取几滴未知液，用稀H_2SO_4酸化，加CCl_4 5～6滴，再加入几滴0.1 mol·L^{-1} KI溶液。振荡后，CCl_4层呈紫色，说明有NO_2^-存在（若溶液中有SO_3^{2-}等，酸化后NO_2^-先与它们反应而不一定氧化I^-，CCl_4层无紫色不能说明无NO_2^-）。

5) 还原性阴离子检验。取几滴未知液，用稀H_2SO_4酸化，然后加入1～2滴0.01 mol·L^{-1} $KMnO_4$溶液。若$KMnO_4$的紫红色褪去，表示可能存在SO_3^{2-}，$S_2O_3^{2-}$等离子。

根据 1)～5)实验结果，判断有哪些离子可能存在。

(2) 确证性试验。根据初步试验结果，对可能存在的阴离子进行确证性试验。

五、思考题

(1) 用沉淀方法分离混合离子时，如何检验离子的沉淀是否已经完全？

(2) 何为分别分析，何为系统分析？各在什么情况下使用？

(3) 什么叫反应的灵敏度？什么叫反应的选择性？提高反应选择性的一般方法有哪些？

(4) 何为空白试验，何为对照实验？各有什么作用？

(5) 某阴离子未知溶液经初步试验结果如下：

1) 酸化时无气体产生；

2) 加入 $BaCl_2$ 时有白色沉淀析出，再加 HCl 后又溶解；

3) 加入 $AgNO_3$ 有黄色沉淀析出，再加 HNO_3 后发生部分沉淀溶解；

4) 试液能使 $KMnO_4$ 紫色褪去，但与 KI、碘－淀粉试液无反应。

试指出：哪些离子肯定不存在？哪些离子肯定存在？哪些离子可能存在？

实验 32　水的软化和净化处理

一、实验目的

(1) 了解用络合(或配合)滴定法测定水的硬度的基本原理和方法。

(2) 了解用离子交换法软化和净化水的基本原理和方法。

(3) 进一步学习滴定的基本操作以及离子交换树脂和电导率仪的使用方法。

二、实验原理

1. 硬水和水的硬度

通常将溶有微量或不含 Ca^{2+}，Mg^{2+} 等离子的水叫做软水，而将溶有较多量 Ca^{2+}，Mg^{2+} 等离子的水叫做硬水。水的硬度是指溶于水中的 Ca^{2+}，Mg^{2+} 等离子的含量。水中所含钙、镁的酸式碳酸盐经加热易分解而析出沉淀，由这类盐所形成的硬度称为暂时硬度。而由钙、镁的硫酸盐、氯化物、硝酸盐所形成的硬度称为永久硬度。暂时硬度和永久硬度的总和称为总硬度。

硬度有多种表示方法。例如，以水中所含 CaO 的浓度，用 $mmol \cdot dm^{-3}$ 为单位来表示，也有以 $mg \cdot dm^{-3}$(即每立方分米水中所含 CaO 的毫克数)为单位表示的。水质可按硬度的大小进行分类，如表 4－21 所示。

2. 水的硬度的测定原理

水的硬度的测定方法甚多，最常用的是 EDTA 络合(或配合)滴定法(利用配合反应进行滴定的方法)。EDTA 是乙二胺四乙酸根离子

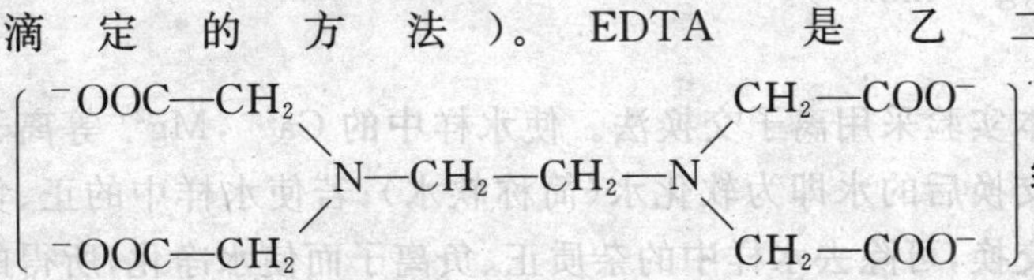

缩写。乙二胺四乙酸可用 H_4edta 表示，实验室中通常用其二钠盐(Na_2H_2edta)配制溶液。

表 4-21 水质的分类

水 质	水的总硬度	
	$CaO/(mg \cdot dm^{-3})$	$CaO/(mmol \cdot dm^{-3})$
很软水	0～40	0～0.72
软水	40～80	0.72～1.4
中等硬水	80～160	1.4～2.9
硬水	0～300	2.9～5.4
很硬水	>300	>5.4

注：也有用度(°)表示硬度，即每 1 dm^3 水中含 10 mgCaO 为 1 度。$1° = 10\ mg \cdot dm^{-3}$。

在测定过程中，控制适当的 pH 值，用少量铬黑 T($C_{20}H_{12}O_7N_3SNa$，可缩写为 NaH_2ebt)作指示剂，水样中的少量 Mg^{2+}，Ca^{2+} 能与其反应，分别生成紫红色的配离子$[Mg(ebt)]^-$ 和$[Ca(ebt)]^-$，但其稳定性不及与 EDTA 所形成的配离子$[Mg(edta)]^{2-}$和$[Ca(edta)]^{2-}$。上述各配离子的 $\lg K_f$ 值及颜色见表 4-19。

表 4-19 一些钙、镁配离子的 $\lg K_f$ 值和颜色

配离子	$[Ca(edta)]^{2-}$	$[Mg(edta)]^{2-}$	$[Mg(ebt)]^-$	$[Ca(ebt)]^-$
$\lg K_f$	11.0	8.64	7.0	5.4
颜 色	无 色	无 色	紫红色	紫红色

滴定时，EDTA 先与溶液中未配合的 Ca^{2+}，Mg^{2+} 结合，然后与$[Mg(ebt)]^-$，$[Ca(ebt)]^-$反应，从而游离出指示剂 EDTA，使溶液颜色由紫红色变为蓝色，表明滴定达到终点。这一过程可用化学反应式表示(式中，Me^{2+} 表示 Ca^{2+} 或 Mg^{2+})：

$$\underset{\text{蓝色}}{Hebt^{2-}(aq)} + Me^{2+}(aq) \xrightarrow{pH=10.0} \underset{\text{紫红色}}{[Mg(ebt)]^-} + H^+(aq)$$

$$\underset{\text{紫红色}}{[Mg(ebt)]^-} + \underset{\text{无色}}{H_2edta^{2-}(aq)} + OH^-(aq) = \underset{\text{无色}}{[Mg(edta)]^{2-}} + \underset{\text{蓝色}}{Hebt^{2-}(aq)} + H_2O(l)$$

根据下式可算出水样的总硬度。

$$\text{总硬度}\ (mmol \cdot dm^{-3}) = \frac{1\,000c(edta) \cdot V(edta)}{V(H_2O)}$$

式中 c(edta)——标准 Na_2H_2edta 溶液的浓度($mol \cdot dm^{-3}$)；

V(edta)——滴定中消耗的标准 Na_2H_2edta 溶液体积(cm^3)；

$V(H_2O)$——所取待测水样的体积(cm^3)；

M(CaO)——CaO 的摩尔质量($g \cdot mol^{-1}$)。

3. 水的软化和净化处理

硬水的软化和净化的方法很多，本实验采用离子交换法。使水样中的 Ca^{2+}，Mg^{2+} 等离子与正离子交换树脂进行正离子交换，交换后的水即为软化水(简称软水)；若使水样中的正、负离子与正、负离子交换树脂进行离子交换，可除去水样中的杂质正、负离子而使水净化，所得的水叫做去离子水。化学反应式可表示如下(以杂质离子 Mg^{2+}和 Cl^- 为例)：

$$2R—SO_3H(s)+Mg^{2+}(aq)=(R—SO_3)_2Mg(s)+2H^+(aq)$$

$$2R—N(CH_3)_3OH(s)+2Cl^-(aq)=2R—N(CH_3)_3Cl(s)+2OH^-(aq)$$

$$H^+(aq)+OH^-(aq)=H_2O(l)$$

4. 水的软化和净化检验

水中的微量 Ca^{2+}，Mg^{2+}，可用铬黑 T 指示剂进行检验。在 pH＝8～11 的溶液中，络黑 T 能与 Ca^{2+}，Mg^{2+} 作用生成紫红色的配离子。

纯水是一种极弱的电解质，水样中所含有的可溶性电解质（杂质）常使其导电能力增大。用电导率仪测定水样的电导率，可以确定去离子水的纯度。各种水样的电导率值大致范围见表 4－23。

三、仪器和试剂

表 4－23　各种水样的电导率

水　样	电导率/$(S\cdot m^{-1})$
自来水	$5.0\times10^{-1}\sim5.3\times10^{-2}$
般实验室用水	$5.0\times10^{-3}\sim1.0\times10^{-4}$
去离子水	$4.0\times10^{-4}\sim8.0\times10^{-5}$
蒸馏水	$2.8\times10^{-4}\sim6.3\times10^{-6}$
最纯水	$\sim5.3\times10^{-6}$

仪器：烧杯（100 cm^3，2 只；250 cm^3），锥形瓶（250 cm^3，2 只），蒸发皿，试管，试管架，试管夹，铁架，铁圈，铁夹，铁夹座，螺丝夹，药匙，滴管，量筒（10 cm^3，4 只；50 cm^3），移液管（25 cm^3；100 cm^3），吸气橡皮球，碱式滴定管（50 cm^3，4 支），滴定管夹，白瓷板，洗瓶，玻璃棒，滤纸（或滤纸片），玻璃纤维，T 形管，乳胶管，电导率仪（附铂黑电极和铂光亮电导电极），高位水槽（可用玻璃瓶代替）。

试剂：氨 NH_3-氯化铵 NH_4Cl 缓冲溶液，氢氧化钠 NaOH（5%），标准 Na_2H_2edta，铬黑 T 指示剂（0.5%），三乙醇胺 $N(CH_2CH_2OH)_3$（33%），强酸型正离子交换树脂（001×7），强碱型负离子交换树脂（201×7），水样（可用自来水或泉水）。

四、实验步骤

1. 水的总硬度测定

用移液管吸取 100.0 cm^3 水样，置于 250 cm^3 锥形瓶中，首先加入 5 cm^3 三乙醇胺 $N(CH_2CH_2OH)_3$ 溶液和 5 cm^3 NH_3－NH_4Cl 缓冲溶液，摇匀后，加 2～3 滴铬黑 T 指示剂溶液，摇匀。用标准 Na_2H_2edta 溶液滴定至溶液颜色由紫红色变为蓝色，即达到滴定终点。记录所消耗的标准 Na_2H_2edta 溶液体积。再测定一次（按分析要求，两次滴定误差不应大于 0.15 cm^3）。取两次数据的平均值，计算水样的总硬度（以 $mmol\cdot dm^{-3}$ 表示之）。

2. 硬水软化-离子交换法

(1) 装柱。将已拆除下端尖嘴和玻璃珠的简易式滴定管作为交换柱，于其底部塞人少量玻璃纤维，下端通过乳胶管与“T”形管相连接。“T”形管下端的乳胶管用螺丝夹夹住。将交换柱固定在铁架上。然后将正离子交换树脂(已用酸转型处理过的)装入柱内，要求树脂堆积紧密，不带气泡，并使树脂始终被去离子水覆盖。

(2) 离子交换。将高位槽(或直接用乳胶管接上自来水管)的水样慢慢注入交换柱中，同时调节下端的螺丝夹使经离子交换后的流出水以每分钟 25～30 滴的流速滴出。弃去开始流出的约 20 cm^3 水，然后用小烧杯取流出的水约 30 cm^3，留作检验 Ca^{2+}，Mg^{2+} 用。

(3) Ca^{2+}，Mg^{2+} 的检验。分别取水样(或自来水)、已经软化的水各约 5 cm^3，各加入 10 滴 NH_3 - NH_4Cl 缓冲溶液，再各滴入 1 滴铬黑 T 指示剂溶液，摇匀，观察并比较颜色。判断是否含有 Ca^{2+} 和 Mg^{2+}。

3. 水的净化——离子交换法

(1) 装柱。取 2 支简易式滴定管，按照上述的装柱方法分别装入负离子交换树脂(作为柱 2)和正、负离子的混合树脂(作为柱 3)，然后如图 4－8 所示，利用乳胶管和玻璃管将实验 2(1)中的交换柱(作为柱 1)与柱 2、柱 3 相连接，并用螺丝夹将相连的乳胶管夹紧。每支交换柱都需固定在铁架上。

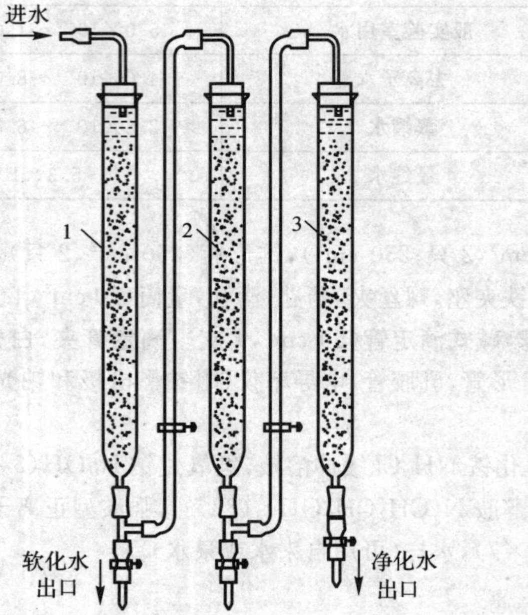

图 4－8 离子交换法净化水的装置示意图

1—正离子交换柱；2—负离子交换柱；3—正、负离子混合交换柱

(2) 离子交换。将高位槽(或直接用乳胶管接上自来水管)的水样慢慢注入交换柱 1 中，同时把柱工与柱 2 下端的螺丝夹夹紧，调节柱 1 与柱 2 之间、柱 2 与柱 3 之间相连的乳胶管的螺丝夹和柱 3 下端的螺丝夹，使离子交换后的流出水以每分钟 25～30 滴的流速滴出。弃去开始流出的约 20 cm^3 水，再取流出水约 30 cm^3，留作检验用。

(3) 水的电导率测定。用电导率仪分别测定水样(或自来水)和净化水的电导率。测定自来水的电导率时用铂黑电极，测定净化水的电导率时用铂光亮电极。

五、思考题

(1) 用 EDTA 络合(或配合)滴定法测定水硬度的基本原理是怎样的？使用什么指示剂？滴定终点的颜色变化如何？

(2) 用离子交换法使硬水软化和净化的基本原理是怎样的？操作中有哪些应注意之处？

(3) 为什么通常可用电导率值的大小来估计水质的纯度？是否可以认为电导率值越小，水质的纯度越高？

实验 33 菠菜色素的提取和分离

一、实验目的

学习从植物中提取色素的方法，学习柱色谱的原理及其操作方法。

二、实验原理

色谱法是分离、纯化和鉴定有机化合物的重要方法之一，它的分离效果比分馏、重结晶等一般的物理方法好，适用于少量和微量物质的分离。这一方法已在化学、生物学和医学中得到了普遍应用。

色谱法的基本原理是利用混合物各组分在某一物质中的吸附或溶解性能(分配)的不同，或是亲和性的差异，使混合物的溶液流经该物质时进行反复的吸附或分配等作用，从而使各组分分开。

色谱法分为吸附色谱和分配色谱两类。

吸附色谱是以氧化铝、硅胶等为吸附剂，将一些物质从溶液中吸附到它的表面上；然后用溶剂洗脱或展开，利用不同物质在吸附剂和溶剂之间分布情况不同而得到分开，如柱色谱和薄层色谱。

柱色谱：柱色谱是通过色谱柱来实现分离的。在色谱柱内装有固体吸附剂(固定相)如氧化铝或硅胶。液体样品从柱顶加入，当液体流经吸附剂时，由于吸附剂表面对液体中各组分吸附能力不同而按一定的顺序吸附。然后从柱顶加入洗脱剂(流动相)，样品中的各组分随洗脱剂按一定的顺序从色谱柱下端流出，根据不同颜色分段收集。如为无色物质，可用紫外光照射，收集会发出荧光的组分；否则就要采取分段收集洗提液，再分别进行鉴定。

绿色植物如菠菜叶中含有叶绿素、叶黄素和胡萝卜素等多种天然色素，可用柱色谱进行分离。

三、仪器和试剂

仪器：层析柱(20× 15 cm)，研钵。

试剂：中性氧化铝(150 ～160 目)，95% 乙醇，石油醚(60 ～90 ℃)，丙酮，乙酸乙酯，菠菜叶。

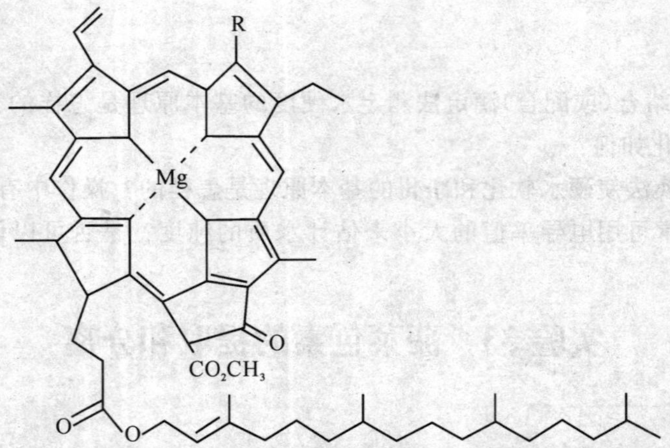

叶绿素 a（R＝CH_2）　　叶绿素 b（R＝CHO）

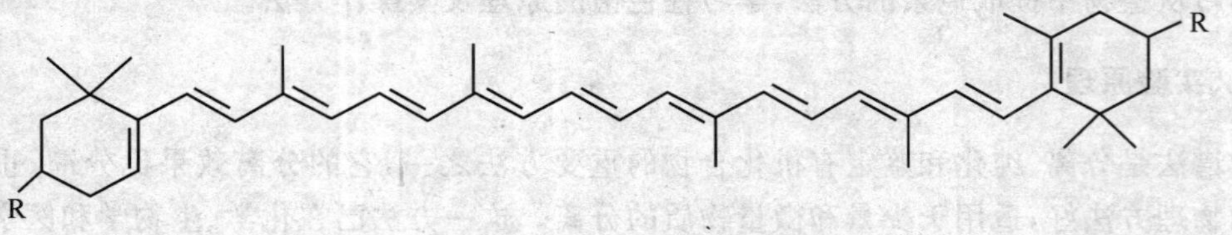

β-胡萝卜素（R＝H）　　叶黄素（R＝OH）

四、实验步骤

(1) 菠菜色素的提取。称取 20 g 用滤纸吸干的新鲜的菠菜叶，用剪刀剪碎并与 20 mL 甲醇拌匀，在研钵中研磨约 5 min，然后用布氏漏斗抽滤菠菜汁，弃去测试仪。将菠菜汁放回研钵，每次用 20 mL 3∶2(体积比)的石油醚-甲醇混合测试仪萃取两次，每次需加以研磨并且抽滤。合并深绿色萃取液，转入分液漏斗，次用 10 mL 水洗涤两次，以除去萃取液中的甲醇。洗涤时要轻轻旋荡，以防止乳化。弃去水-甲醇层，石油醚层用无水硫酸钠干燥后滤入圆底烧瓶，在水浴上蒸去大部分石油醚至体积约为 1 mL 为止。

(2) 菠菜色素的分离。在层析柱(20× 15 cm)中，加 15 cm 高的石油醚。将 20g 层析用中性氧化铝（150～160 目），从玻璃漏斗中缓缓加入，小心打开柱下活塞，保持石油醚流速约为每秒 1 滴，流下的氧化铝在柱子中沉积。必要时用装在玻棒上的橡皮塞轻轻在层析柱的周围敲击，使吸附剂装得平整致密。柱中溶剂面，由下端活塞控制，不使满溢，更不能让干。装完后，上面再加一片圆形滤纸，打开下端活塞，放出溶剂，直到氧化铝表面剩下 1～2mm 高为止。将上述菠菜色素的液，用滴管小心地加到层析柱顶部，加完后，打开下端活塞，以几次反复，使色素全部进入柱体。

待色素全部进入柱体后，在柱顶小心加约 1.5 cm 高的洗脱剂(体积比为 9∶1 的石油醚-丙酮溶液)。然后在层析柱的上面装一滴液漏斗，内装 15 mL 洗脱剂，打开上下两个活塞，让洗脱剂逐滴放出，层析即开始进行，用锥形瓶收集。当第一个有色成分即将滴出时，取另一锥形瓶收集，得橙黄色溶液，为 β-胡萝卜素。第 1 个色带完全洗脱后，再用体积比为 7∶3 的石油醚-丙酮作洗脱剂，分出第 2 个色带为叶黄素。

(3) β-胡萝卜素的紫外光谱测定。将上述层析分离得到的橙黄色试样，用石油醚稀释后，测定其紫外光谱，指出测定的 λ_{max} 及 ε 值。

五、数据处理

数据记录如表 4-24 所示。

表 4-24 数据记录表

β-胡萝卜素的紫外光谱		
	λ_{max}	ε
β-胡萝卜素		

六、思考题

比较叶绿素、叶黄素和胡萝卜素三种色素的极性,为什么胡萝卜素在层析柱中移动最快?

实验 34 含铬废液的处理(铁氧体法)

一、实验目的

了解铁氧体法处理含铬电镀废水的原理、方法。

二、实验原理

电镀、制革、纺织和染料等工业废水都含有铬的化合物。铬常以 $Cr_2O_7^{2-}$,CrO_4^{2-} 和 Cr^{3+} 的形式存在于水中。一般认为 Cr(Ⅵ)比 Cr(Ⅲ)的毒性大得多,且 Cr(Ⅵ)的化合物溶解度较大,在人体内易被吸收蓄积。我国工业废水排放标准中,铬的化合物被列为第一类有害物质,规定工业废水中 Cr(Ⅵ)的最高允许排放浓度为 0.5 $mg\cdot L^{-1}$,总铬的最高允许排放浓度为 1.5 $mg\cdot L^{-1}$。

铁氧体,一般是指铁族元素和其他一种或多种金属元素的复合氧化物,是一种磁性材料。铁氧体法处理含铬废水的基本原理是:在酸性条件下,加入一定量的 $FeSO_4$ 于含 Cr(Ⅵ)的废水中,使 Cr(Ⅵ)还原为 Cr(Ⅲ):

$$Cr_2O_7^{2-} + 6Fe^{2+} + 14H^+ \longrightarrow 2Cr^{3+} + 6Fe^{3+} + 7H_2O$$

然后加入 NaOH 溶液使溶液呈碱性,Cr^{3+} 和 Fe^{3+},Fe^{2+} 能形成溶解度极小的铁氧体共沉物:

$$Fe^{2+} + 2OH^- \longrightarrow Fe(OH)_2 \downarrow$$

$$Fe^{3+} + 3OH^- \longrightarrow Fe(OH)_3 \downarrow$$

$$Cr^{3+} + 3OH^- \longrightarrow Cr(OH)_3 \downarrow$$

过滤,将固液分离,从而使废水得到净化。所得的铁氧体共沉物可回收用做磁性材料,避免了二次污染。处理后的水中 Cr(Ⅵ)和总铬含量均符合国家水质排放标准。

在酸性条件下,水中的 Cr(Ⅵ)可与二苯羰酰二肼产生紫红色,根据颜色深浅进行目视比色法或分光光度法分析,测出水中残留的 Cr(Ⅵ)和总铬的含量。

三、仪器与试剂

仪器:100 mL 容量瓶,50 mL 比色管,10.00 mL 吸量管,250 mL 烧杯,量筒。

试剂：$K_2Cr_2O_7$（A. R.），二苯羰酰二肼，3 mol · L^{-1} H_2SO_4，6 mol · L^{-1} 的 NaOH，$FeSO_4 \cdot 7H_2O$（工业），0.01 mol · L^{-1} $KMnO_4$，20 g · L^{-1} $NaNO_2$，含 Cr(Ⅵ)废水。

Cr(Ⅵ)标准储备液：称取 0.282 8 g 在 120℃干燥过的分析纯 $K_2Cr_2O_7$，溶于水中，移入 1 000 mL容量瓶中，稀释至刻度。此溶液含铬浓度为 0.1 000 g · L^{-1}。

四、实验步骤

1. 标准 Cr(Ⅵ)系列溶液的配制

吸取储备液 10.00 mL 于 100 mL 容量瓶中，稀释至刻度。此溶液的浓度为 0.010 0 mg · mL^{-1}。取 7 个 50 mL 比色管，用吸量管分别移取 0.010 0 mg · L^{-1} Cr(Ⅵ)标准溶液 0.00 mL，1.00 mL，2.00 mL，2.50 mL，3.00 mL，4.00 mL，再各加入 2.50 mL 二苯羰酰二肼溶液，用去离子水稀释至刻度，摇匀。此为标准 Cr(Ⅵ)系列溶液，浓度分别为 0、0.2，0.4，0.5，0.6 和 0.8 mg · L^{-1}。

2. 含铬废水的处理

取 100 mL 含 Cr(Ⅵ)的废水于 250 mL 烧杯中，用 3 mol · L^{-1} 的 H_2SO_4 调 pH≈2 后，加入使 Cr(Ⅵ)全部转化成 Cr^{3+} 所需的 $FeSO_4 \cdot 7H_2O$ 的量(含铬废水的 Cr(Ⅵ)的浓度由实验室提供)，反应完全后，用 6 mol · L^{-1} 的 NaOH 溶液，调 pH≈11，再加入与还原 Cr(Ⅵ)等量的 $FeSO_4 \cdot 7H_2O$，搅拌使之完全溶解，静置，并观察黑褐色或黑色沉淀的形成。过滤，滤液待测定，用水洗涤滤渣至中性。

3. 结果测定

(1)水中 Cr(Ⅵ)残留量的测定。用移液管移取 25.00 mL 滤液于 50 mL 比色管中，调 pH 至中性，加入 2.50 mL 二苯羰酰二肼溶液，用去离子水稀释至刻度，用吸光光度法分析，得出 Cr(Ⅵ)的含量。

(2)水中总铬的测定。移取 25.00 mL 滤液于 250 mL 锥形瓶中，加入 25.00 mL 水和 4.5 mL 6 mol · L^{-1} 的 H_3PO_4 溶液，摇匀，加两滴 0.01 mol · L^{-1} $KMnO_4$ 溶液，如紫红色消退，则再加 $KMnO_4$ 溶液保持紫红色。加热煮沸至溶液体积约剩 20 mL。取下冷却，加入 1 mL 200g · L^{-1} 的尿素溶液，摇匀后，用滴定管滴加 20 g · L^{-1} 的 $NaNO_2$ 溶液，边滴边摇至 $KMnO_4$ 溶液紫红色刚褪去，稍等片刻，待溶液中气泡逸出，移至 50 mL 比色管中，加入 2.50 mL 二苯羰酰二肼溶液，用去离子水稀释至刻度，用分光光度法分析，得出总铬含量。

(3)滤渣磁性测定。将滤渣烘干，研细，用磁铁试验复合铁氧体的磁性。

五、注意事项

(1) 含铬废水处理中所加 $FeSO_4 \cdot 7H_2O$ 晶体必须完全溶解，但搅拌不能太剧烈，以免被空气氧化成 Fe^{3+}。

(2) 总铬测定中，$KMnO_4$ 不要过量，显紫红即可；$NaNO_2$ 还原时也不能过量，否则会把 Cr(Ⅵ)还原而使结果偏低。

六、实验结果与讨论

(1) 数据处理。

100 mL 含铬废水中含 $K_2Cr_2O_7$ ________________ g；

使 Cr(Ⅵ)全部转化为 Cr^{3+} 所需 $FeSO_4$ ________ g。

(2) 用标准曲线法求处理后的水中 Cr(Ⅵ)的浓度和 Cr 的总浓度。

$$c(\mathrm{Cr(VI)})=\frac{m\times 1\,000}{25.00}\ \mathrm{mg\cdot L^{-1}}=\underline{\qquad\qquad}\ \mathrm{mg\cdot L^{-1}}$$

$c_{总}(Cr)=$ ________ $mg\cdot L^{-1}$。

m 为吸光光度法得出的 Cr(Ⅵ)的质量(mg)。

(3) 试讨论含铬废水处理中,$FeSO_4\cdot 7H_2O$ 晶体为何要分两次加入?一次全部加入有何影响?

(4) 含铬废水处理除铁氧体法外,还有什么方法?

七、思考题

(1) 铁氧体法处理含铬废水的基本原理是什么?有什么优点?

(2) 含铬废水中加入 $FeSO_4$ 前,为什么要调节溶液的 pH≈ 2?反应完全后,再加入等量的 $FeSO_4$ 的作用是什么?为什么又要加入 NaOH 调 pH≈ 11?

实验 35　三氯化六氨合钴(Ⅲ)配合物的合成和组成测定

一、实验目的

(1) 通过合成三氯化六氨合钴(Ⅲ)并测定其组成,进一步理解配合物的形成对金属离子稳定性的影响。

(2) 学会测定配合物组成的一般方法。

二、实验原理

根据标准电极电势,在酸性介质中,二价钴盐比三价钴盐稳定,而在其配合物中,大多数三价钴的配合物比二价钴的配合物稳定。所以,常采用空气或过氧化氢氧化钴(Ⅱ)配合物来制备钴(Ⅲ)配合物。

本实验用活性炭作催化剂,在过量氨和氯化铵存在下,用过氧化氢氧化氯化亚钴溶液,来制备三氯化六氨合钴(Ⅲ)。其总反应式为

$$2CoCl_2 + 2NH_4Cl + 10NH_3 + H_2O_2 = 2[Co(NH_3)_6]Cl_3 + 2H_2O$$

得到的固体产物中混有大量活性炭,可以将其溶解在酸性溶液中,过滤掉活性炭以后,在较高浓度的盐酸溶液中将其结晶出来。三氯化六氨合钴(Ⅲ)为橙红色单斜晶体,20℃时在水中的溶解度为 $0.26\ mol\cdot L^{-1}$。

在 $[Co(NH_3)_6]^{3+}$ 溶液中存在如下的平衡:

$$[Co(NH_3)_6]^{3+} = Co^{3+} + 6NH_3 \qquad K_d = 2.2\times 10^{-34}$$

$$[Co(NH_3)_6]^{3+} + H_2O = [Co(NH_3)_5H_2O]^{3+} + NH_3$$

$$[Co(NH_3)_5H_2O]^{3+} = [Co(NH_3)_5OH]^{2+} + H^+$$

从 K_d 值可以看出,$[Co(NH_3)_6]^{3+}$ 离子是很稳定的,因此在强酸的条件下(冷却)或强酸的作用下基本上不被分解,只有加入强碱并在沸腾的条件下才分解:

$$2[Co(NH_3)_6]Cl_3 + 6NaOH = 2Co(OH)_3 + 12NH_3 + 6NaCl$$

在 215℃时，$[Co(NH_3)_6]Cl_3$转化为$[Co(NH_3)_5Cl]Cl_2$，若进一步加热，高于 250℃则被还原为 $CoCl_2$。三氯化六氨合钴(Ⅲ)煮沸时可被强碱所分解，放出氨来。逸出的氨用过量的标准 HCl 溶液吸收，剩余的酸用标准 NaOH 溶液回滴，便可测定出氨的含量。Co^{3+} 和 Cl^- 的含量分别用间接碘量法和沉淀滴定法测定。

除三氯化六氨合钴(Ⅲ)外，钴(Ⅲ)的氨合物还有许多种，如三氯化五氨·一水合钴(Ⅲ)$[Co(NH_3)_5H_2O]Cl_3$(砖红色晶体)，二氯化一氯·五氨合钴(Ⅲ)$[Co(NH_3)_5Cl]Cl_2$(紫红色晶体)等。它们的制备条件各不相同。例如，在没有活性碳存在下制得的是二氯化一氯五氨合钴(Ⅲ)，有活性碳存在下制得的主要是三氯化六氨合钴(Ⅲ)。

三、仪器和试剂

仪器：托盘天平，电子天平，锥形瓶(250 mL，100 mL)，抽滤瓶，布氏漏斗，量筒(100 mL，10 mL)，烧杯(400 mL，100 mL)，试管，酸式滴定管(50 mL)，普通漏斗，玻璃管，胶塞。

试剂：$CoCl_2 \cdot 6H_2O$(固)，NH_4Cl(固)，KI(固)，活性炭 HCl(6 mol·L^{-1})，标准 HCl 溶液(0.5 mol·L^{-1})，H_2O_2(6%)，浓氨水 NaOH(10%)，标准 NaOH 溶液(0.5 mol·L^{-1})，标准 $Na_2S_2O_3$溶液(0.1 mol·L^{-1})，标准 $AgNO_3$溶液(0.1 mol·L^{-1})，K_2CrO_4(5%)，冰。

四、实验步骤

1. 三氯化六氨合钴(Ⅲ)的合成

在 100 mL 锥形瓶内加入 6g 研细的氯化亚钴 $CoCl_2 \cdot 6H_2O$，4g 氯化铵和 7 mL 水，加热溶解后加入 0.3g 活性炭。冷却，加 14 mL 浓氨水，进一步冷却至 10℃以下，缓慢加入 14 mL 6%的过氧化氢。在水浴上加热至 60℃左右，并维持此温度约 20 min(适当振荡锥形瓶)，用自来水冷却后，再用冰水冷却至大量晶体析出。转移至布氏漏斗中抽滤，用滤液冲洗锥形瓶，将瓶中沉淀全部转移至布氏漏斗中，抽干得粗产品。将粗产品溶于含有 2 mL 浓盐酸的 50 mL 沸水中，趁热过滤。慢慢加入 7 mL 浓盐酸于滤液中，以冰水冷却，即有晶体析出。抽滤，用少量乙醇洗涤，抽干。将固体置于真空干燥器中干燥或在 105℃烘干。称重，计算产率。

2. 三氯化六氨合钴(Ⅲ)的组成测定

(1) 氨的测定。准确称取 0.2g 左右的三氯化六氨合钴(Ⅲ)晶体，放入 250 mL 锥形瓶中，加 80 mL 水溶解之。然后加入 10 mL 10%NaOH 溶液。在另一锥形瓶中准确加入 30～50 mL 0.5 mol·L^{-1}标准 HCl 溶液，锥形瓶浸在冰水浴中。按图 4-9 安装仪器，安全漏斗下端固定于一小试管中，试管内注入 3～5 mL 10%NaOH 溶液，使漏斗柄插入小试管内液面下约 2～3 cm，整个操作过程中漏斗下端的出口不能露在液面之上。小试管口的胶塞要切去一个缺口，使试管内与锥形瓶相通。加热样品溶液，开始时大火加热，溶液开始沸腾时改用小火，始终保持微沸状态。蒸出的氨通过导管被标准 HCl 所吸收。约 1h 左右可将氨全部蒸出。取出并拔掉插入 HCl 溶液中的导管，用少量蒸馏水将导管内外可能沾附的溶液冲洗入锥形瓶内。以甲基红(1%)为指示剂，用 0.5 mol·L^{-1}标准 NaOH 溶液滴定剩余的盐酸，计算被蒸出的氨的量，从而计算出样品中氨的百分含量。

(2) 钴的测定。待上面蒸出氨后的样品溶液冷却后，取下漏斗(连胶塞)及小试管，用少量蒸馏水将试管外沾附的溶液冲洗回锥形瓶内。加入 1g 固体 KI，摇荡使其溶解，再加入 12 mL 左右的 6 mol·L^{-1}HCl 酸化，于暗处放置约 10 min，此时便发生如下反应：

$$2Co^{3+} + 2I^{-} \!=\!=\!= 2Co^{2+} + I_2$$

加入 60～70 mL 蒸馏水，用 0.1 mol·L^{-1}标准 $Na_2S_2O_3$溶液滴定析出的 I_2，从上述反应式的物质的量关系便可计算出钴的量以及它在样品中的百分含量。

(3) 氯的测定。准确称取样品 0.2g 于锥形瓶内，用适量水溶解，以 5% K_2CrO_4 为指示剂，用标准 0.1 mol·L^{-1} $AgNO_3$滴定其中的 Cl^- 含量，从而计算出样品中氯的百分含量。

根据上述分析结果，求出产品的实验式。

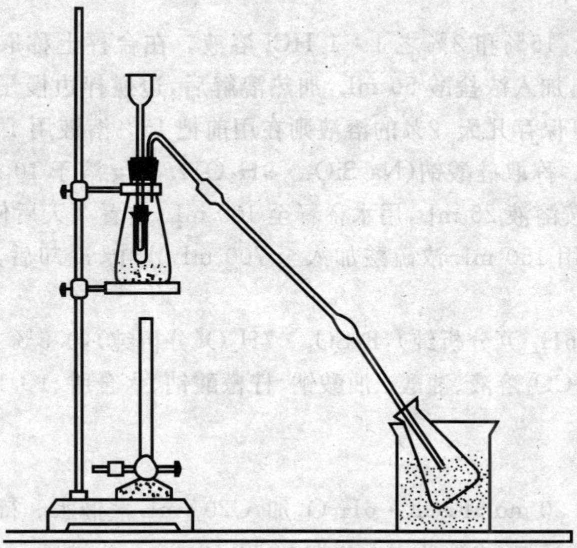

图 4-9　氨的测定装置

五、思考题

(1) 制备过程中在水浴上加热 20 min 的目的是什么？可否加热至沸？

(2) 加入 H_2O_2和浓盐酸时都要求慢慢加入，为什么？它们在制备三氯化六氨合钴(Ⅲ)过程中各起什么作用？

(3) 在测定氨的装置中小试管口的胶塞没有切掉一个缺口，或漏斗口没有插入试管内碱液中，将各有何影响？

实验 36　纳米级磁性 Fe_3O_4粒子的制备及铁含量的测定

一、实验目的

(1) 了解纳米级氧化物材料的水热合成方法。

(2) 学习用氧化还原滴定法测定总铁含量。

二、实验原理

经过水热方法合成的 Fe_3O_4粒子经酸溶解后，首先用硅钼黄作指示剂，用二氯化锡还原三价为二价铁，当三价铁全部还原为二价铁后，稍微过量的二氯化锡将硅钼黄还原为硅钼蓝。再以二苯胺磺酸钠为指示剂，用重铬酸钾标准溶液滴定之。

三、仪器与试剂

仪器：恒温水浴槽（70～80℃），真空干燥箱（60℃）。

试剂：

1) $K_2Cr_2O_7$标准溶液。准确称取在150～180℃烘干2 h的$K_2Cr_2O_7$ 1.2～1.3g，置于100 mL烧杯中，加50 mL水搅拌至完全溶解，然后定量转移至500 mL容量瓶中，用水稀释至刻度，摇匀。

2) 氯化亚锡溶液。15%和2%之1∶1 HCl溶液。在台秤上称取15g $SnCl_2 \cdot 2H_2O$于250 mL较干的烧杯内，加入浓盐酸50 mL，加热溶解后，边搅拌边慢慢加入水稀释为15%浓度，并放入锡粒，这样可保存几天，2%的溶液则在用前把15%溶液用1∶1 HCl溶液稀释。

3) 硅钼黄指示剂。称取硅酸钠（$Na_2SiO_3 \cdot 9H_2O$）1.35 g溶于10 mL水中，加5 mL HCl混匀后，加入5%钼酸胺溶液25 mL，用水稀释至100 mL，放置3天后使用。

4) 硫磷酸混酸。用150 mL浓硫酸加入至700 mL水中，冷却后，再加入150 mL磷酸，混匀。

其余还有$FeCl_3 \cdot 6H_2O$（分析纯），$FeSO_4 \cdot 7H_2O$（分析纯），0.5%二苯胺酸钠指示剂，2% $KMnO_4$溶液，15% Na_2CO_3溶液、油酸、油酸钠、柠檬酸钠、水合肼、1∶1氨水、1∶1盐酸溶液。

四、实验步骤

(1) 称取54.0g(0.20 mol)$FeCl_3 \cdot 6H_2O$，加入200 mL蒸馏水。待固体溶解完全后，用快速滤纸过滤除去少量不溶物，滤液备用。称取29.2g(0.20 mol过量5%)$FeSO_4 \cdot 7H_2O$，加入200 mL蒸馏水，用少量1∶1盐酸调节溶液pH值约为5～6。待固体溶解完全后，用快速滤纸过滤除去少量不溶物，滤液备用。

(2) 将上述两种溶液倾入500 mL烧杯中，加入4.3g(0.20 mol)柠檬酸三钠，0.75g(0.20 mol)水合肼，搅拌均匀。

(3) 将上述混合液置于70～80℃恒温水浴槽中，不断搅拌下缓慢滴加1∶1氨水，此时不断有红褐色沉淀产生，继续滴加氨水直至溶液pH值约为9。

(4) 放置沉淀，弃去上层清液（最好将磁铁置于烧杯底部，加快磁性物质沉降），加入蒸馏水洗涤3～4次，至溶液为中性，过滤①。

(5) 沉淀在60℃真空干燥，得到黑色Fe_3O_4固体粉末。

铁的测定：

准确称取0.11～0.13 g空气干燥的Fe_3O_4粉末试样三份，分别置于250 mL锥形瓶中，加少量水使试样湿润，然后加入20 mL 1∶1 HCl，于电热板上温热至试样分解完全，这时锥形瓶底部应仅留下白色氧化硅残渣。若溶样过程中盐酸蒸发过多，应适当补加，用水吹洗瓶壁，此时溶液的体积应保持在25～50 mL之间，将溶液加热至近沸，趁热滴加15%氯化亚锡至溶液由棕红色变为浅黄色，加入3滴硅钼黄指示剂，这时溶液应呈黄绿色，滴加2%氯化亚锡至溶液由蓝绿色变为纯蓝色，立即加入100 mL蒸馏水，置锥形瓶于冷水中迅速冷却至室温。然后

---

① 制备磁性液体时，可在步骤4时加入一定量油酸或油酸钠，使Fe_3O_4颗粒表面均匀包裹一层保护物质，过滤后再分散到适当分散相中。

加入 15 mL 磷硫混酸、4 滴 0.5%二苯胺磺酸钠指示剂，立即用 $K_2Cr_2O_7$ 标准溶液滴定至溶液呈亮绿色，再慢慢滴加 $K_2Cr_2O_7$ 标准溶液至溶液呈紫红色，即为终点。计算 Fe_3O_4 铁的含量百分数。

五、实验注意事项

(1) 以硅钼黄作指示剂，用氯化亚锡还原三价铁时，氯化亚锡要一滴一滴地加入，并充分摇动，以防止氯化亚锡过量，否则使结果偏高。如氯化亚锡已过量，可滴加 2% $KMnO_4$ 至溶液再呈亮绿色，继续用氯化亚锡调节之。

(2) 铁还原完全后，溶液要立即冷却，及时滴定，久置会使 Fe^{2+} 被空气中的氧氧化。

(3) 滴定接近终点时，$K_2Cr_2O_7$ 要慢慢地加入，过量的 $K_2Cr_2O_7$ 会使指示剂的氧化型破坏。

(4) 试样若不能被盐酸分解完全，则可用硫磷混酸分解，溶样时需加热至水分完全蒸发出现三氧化硫白烟，白烟脱离液面 3～4 cm。但应注意加热时间不能过长，以防止生成焦磷酸盐。

六、思考题

(1) 重铬酸钾法测定铁时，滴定前为什么要加入磷酸？

(2) 今有一试样溶液，含亚铁、高铁，你如何分别测定其中亚铁、高铁及全铁？

实验 37　水泥中铁、铝、钙、镁的测定

一、实验目的

(1) 掌握在配合滴定法中通过控制酸度进行共存组分测定的原理。

(2) 掌握尿素均匀沉淀法的分离技术。

(3) 学习复杂物质水泥试样中各组分的测定方法。

二、实验原理

水泥主要由硅酸盐组成，一般含有硅、铁、铝、钙、镁等。除硅外，它们大都以碱性氧化物的形式存在，所以易被酸分解。将水泥与固体氯化铵混匀后加酸分解。其中硅形成硅酸凝胶沉淀下来，经过滤、洗涤后，沉淀部分可用重量法测定 SiO_2 的含量。水泥中的 Fe，Al，Ca，Mg 等组分分别以 Fe^{3+}，Al^{3+}，Ca^{2+}，Mg^{2+} 等离子形式存在于滤液中，它们都可与 EDTA 形成稳定的配离子。在离子强度 $I=0.1$，温度 20～25℃时，其稳定常数的对数值为：$\lg K_f(FeY)=25.1$，$\lg K_f(AlY)=16.3$，$\lg K_f(CaY)=10.69$，$\lg K_f(MgY)=8.7$。因这些配离子的稳定性有较显著的差别，因此只要控制适当的酸度，就可以用 EDTA 分别进行滴定。

以磺基水杨酸为指示剂，用 EDTA 配合滴定 Fe^{3+}；以 PAN 为指示剂，用 $CuSO_4$ 标准溶液测定 Al^{3+}。当 Fe^{3+}，Al^{3+} 含量较高时对 Ca^{2+}，Mg^{2+} 的测定有干扰，可用尿素均匀沉淀法分离 Fe^{3+}，Al^{3+} 后，以 GBHA 和铬黑 T 为指示剂，用 EDTA 滴定法分别测定 Ca^{2+} 和 Mg^{2+}。若试样中含有 Ti(Ⅳ)，则用 $CuSO_4$ 回滴时测得的实际是 Al^{3+}，Ti(Ⅳ)含量。可以采用苦杏仁酸解蔽剂，再用标准 $CuSO_4$ 滴定释放的 EDTA 即可测定 Ti(Ⅳ)的含量。

本实验不测定硅的含量。

上述实验过程用流程图表示如下：

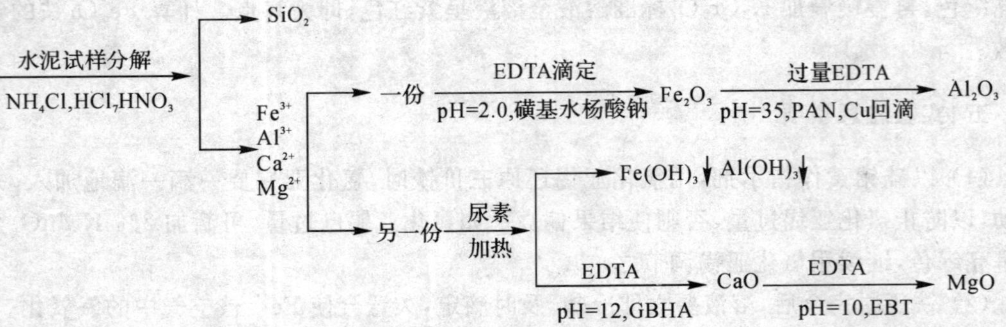

(1)试样的分解。本实验用氯化铵作熔剂分解水泥试样。铵盐在加热分解时，析出相应的无水酸，此时温度和酸的浓度都比较高，对试样有强烈的分解能力。同时由于 NH_4Cl 分解出 NH_3 和 HCl，在加热的情况下它们易挥发逸出，从而消耗了水，能促进硅酸溶胶的脱水作用，从而促进了试样的分解。加入 HNO_3 和 HCl 的目的是：HNO_3 具有氧化性使 Fe^{2+} 氧化为 Fe^{3+}，HNO_3 还能分解碳化物；HCl 能使碱性氧化物、氢氧化物、各种碳酸盐溶解，且增强硅酸的脱水作用。NH_4Cl 固体要和试样充分混合均匀，才能发挥 NH_4Cl 的分解试样的最好效果。在加热时绝不可以将样品灼烧干涸乃至烧糊。

(2)Fe^{3+} 测定。在 pH＝2 时，溶液中共存的 Al^{3+}，Mg^{2+}，Ca^{2+} 不干扰 Fe^{3+} 的测定，所以可以在 Al^{3+}，Ca^{2+}，Mg^{2+} 存在下控制酸度，用 EDTA 滴定 Fe^{3+}。测定 Fe^{3+} 时，以磺基水杨酸为指示剂，磺基水杨酸与 Fe^{3+} 生成的配合物为红色。在 pH＝2～2.5 时，磺基水杨酸为黄色，Fe^{3+}－edta 配合物为黄色。实验时首先用 NH_3 水调节 pH～1.8，溶液呈淡红色，加入 pH＝2 的缓冲溶液则呈现酒红色(磺基水杨酸－Fe^{3+} 配合物的颜色)，在此酸度下 Fe^{3+} 与 EDTA 可定量配合。终点时溶液的颜色由红紫色变为黄色(指示剂本身在此 pH 下的颜色)。从而测定 Fe_2O_3 的含量。

(3)Al^{3+} 的测定 。将滴定 Fe^{3+} 以后的溶液 pH 值控制在 3.5 ～4 ，滴定 Al^{3+}。pH 超过 4.1 以后，Al 的各种羟基配合物将生成。在 pH ＝4 时 Ca^{2+} 与 EDTA 的条件稳定常数为 2.2，Mg^{2+} 几乎不配合。此时 Al^{3+} 的条件稳定常数为 7.5 。所以在此条件下 Al^{3+} 可以在 Ca^{2+}，Mg^{2+} 存在下用 EDTA 滴定。

测定 Al^{3+} 控制的酸度范围为 pH＝3.5 ～4 。在此条件下由于 Al^{3+} 与 EDTA 生成的配合物稳定性偏低，反应进行得较慢，所以一般采用反滴定的方法测定。即先加入过量的 EDTA 标准溶液，并加热煮沸，使 Al^{3+} 与 EDTA 充分反应，然后以 PAN 为指示剂，用 $CuSO_4$ 标准溶液滴定过量的 EDTA ，从而计算出铝的含量。Al^{3+}－edta 配合物是无色的，PAN 指示剂在测定条件下为黄色，所以滴定开始前溶液呈黄色。滴入的 Cu^{2+} 先与过量的 EDTA 形成淡蓝色的 Cu^{2+}－edta 配合物，随着 $CuSO_4$ 标准溶液的不断滴入，溶液的颜色将逐渐由黄变绿(Cu^{2+}－edta 的蓝色与 PAN 的黄色组成)。当过量的 EDTA 与 Cu^{2+} 反应完全后，稍微过量的 Cu^{2+} 即与 PAN 形成深红色的配合物。当溶液出现少许 Cu^{2+}－pan 配合物，溶液即有红的成分，与绿色混合，显茶红色即为终点。

PAN 的化学名称是 1－(2－吡啶偶氮)－2 萘酚，在 pH ＝1.9 ～12.2 时为黄色，与 Cu^{2+} 生成红色配合物，其反应式如下：

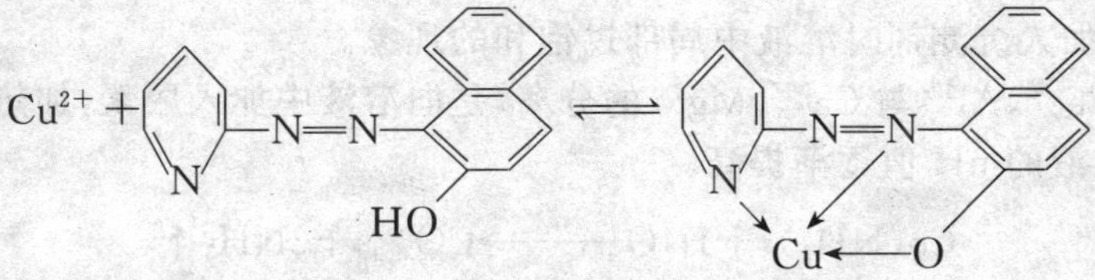

该配合物在 pH=3.0 时水溶性很差，为了加速溶解和变色可以加热，加入乙醇可提高溶解度。pH>3 时 Cu^{2+} 与 EDTA 定量配合。

为了调节溶液的 pH 值，向测得铁后的溶液中加入溴甲酚绿，溴甲酚绿不宜多加，否则黄色的底色深。用氨水及 HCl 调至 pH 值为 3.5，溴甲酚绿显黄色（此时 pH 值不应大于 4，否则易形成 $Al(OH)Y^{2-}$ 的羟基配合物，该配合物与 EDTA 反应慢，配合比不定，不利于滴定）。加入一定体积并过量的 EDTA 标准溶液，煮沸以加速 AlY^{-} 形成，再加入 pH=3.5 的缓冲溶液，以 PAN 为指示剂，用 $CuSO_4$ 标准溶液回滴过量 EDTA，从而测定 Al_2O_3 的含量。

(4) Fe^{3+}，Al^{3+} 与 Ca^{2+}，Mg^{2+} 的分离。因 Fe^{3+}，Al^{3+} 干扰 Ca^{2+}，Mg^{2+} 的测定，故应分离除去。

取一定量的试液加入尿素，利用尿素水解，使溶液 pH 缓慢而均匀地增至 6～6.5 时，$Fe(OH)_3$ 和 $Al(OH)_3$ 定量沉淀。均相沉淀法利于减少沉淀对 Ca^{2+}，Mg^{2+} 的吸附，也便于沉淀的过滤和洗涤（优于氨水为沉淀剂），分离出 $Fe(OH)_3$ 和 $Al(OH)_3$ 的滤液用以测定 Ca^{2+} 和 Mg^{2+}。

$Fe(OH)_3$ 和 $Al(OH)_3$ 是典型的无定形沉淀。无定形沉淀的溶解度一般都很小，因此在生成沉淀过程中，溶液的相对过饱和度都很大，以致生成大量微小沉淀微粒而不能长成大颗粒沉淀，这些微粒聚集成无定形沉淀。对这种类型沉淀，重要的是设法破坏胶体，防止胶溶以加速沉淀微粒的聚集，使其聚集紧密，体积小，便于过滤。同时应尽量减小杂质的吸附，使沉淀纯净。因此生成无定形沉淀的条件是：

1) 沉淀一般在较浓的溶液中进行。$Fe_2O_3 \cdot nH_2O$ 和 $Al_2O_3 \cdot nH_2O$ 沉淀含水量大，体积庞大，不易过滤和洗涤。在较浓的溶液中进行沉淀，其含水量少，体积小，结构也比较紧密，沉淀微粒也容易凝聚。但在浓溶液中也提高了杂质的浓度，增加了杂质被吸附的可能性。为此，在沉淀的反应完毕后，应立即加入大量热水稀释，充分搅拌，使沉淀吸附的大部分杂质解吸，从而减少吸附杂质量。

2) 沉淀应当在热溶液中进行。在热溶液中离子的水化程度小，有利于得到含水量少、体积小、结构紧密的沉淀。同时热溶液有利于防止胶体溶液的生成，使沉淀微粒聚集，而且还可以减少对杂质的吸附。

3) 要在大量电解质存在下进行沉淀。电解质能中和胶体微粒的电荷，有利于胶体微粒的凝聚、沉降。电解质通常采用灼烧时易挥发的铵盐，如 NH_4NO_3，NH_4Cl 等。过滤沉淀时为防止胶溶，不能用纯水洗涤沉淀，应当用稀的、易挥发的、热的电解质溶液洗涤沉淀。

4) 无定形沉淀凝聚后，不必陈化。沉淀完毕后，立即趁热过滤。否则因为陈化，沉淀将逐渐失去水分，变得更黏结，使已吸附的杂质难以洗净。趁热过滤可以加快过滤速度，大大缩短过滤洗涤时间。

均匀沉淀法是在均匀的溶液中，通过缓慢的化学反应，使沉淀剂由溶液中缓慢地、均匀地产生出来，从而使沉淀在整个溶液中均匀地、缓慢地形成。析出的沉淀颗粒大，纯度高，便于过滤和洗涤，避免了加入沉淀剂时溶液中局部过饱和的现象。

水泥分析中 Fe^{3+}，Al^{3+} 与 Ca^{2+}，Mg^{2+} 的分离，是向溶液中加入尿素，加热溶液。由于尿素水解产生 NH_3，溶液的 pH 值逐渐提高。

$$Co(NH_2)_2 + H_2O \xrightarrow{\triangle} CO_2\uparrow + 2NH_3\uparrow$$

温度升高，尿素水解速度加快，溶液 pH 值逐渐提高，最后均匀而缓慢地析出 $Fe_2O_3 \cdot nH_2O$ 和 $Al_2O_3 \cdot nH_2O$ 沉淀。当 Fe，Al 含量低时，也可以采用掩蔽法，消除干扰，掩蔽剂可用三乙醇胺加酒石酸钾钠或氟化钾加三乙醇胺联合掩蔽 Fe^{3+} 和 Al^{3+}。

(5)Ca^{2+} 的测定。测定 Ca^{2+} 选用 GBHA 为指示剂，其化学名称为乙二醛缩双邻氨基酚。GBHA 微溶于水，溶于乙醇和甲醇，但丙酮和异丙醇破坏配合物，故不应存在。因此将 GBHA 配成乙醇的稀溶液，相当于加指示剂的同时也加入了乙醇，增加了 Ca^{2+} - gbha 的溶解度。Ca^{2+} 与 GBHA 的反应式为

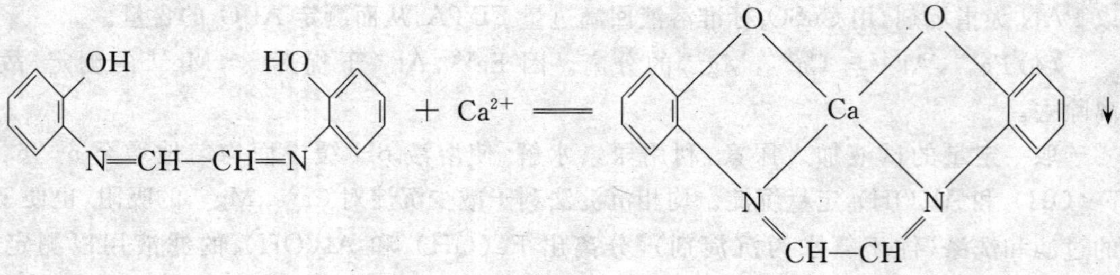

$+2H^+$

pH<11.8 配合物不显色，pH>12.6 配合物不稳定，变成棕色。当 pH 值为 12.2～12.6 时配合物显红色，所以加 pH=12.6 的缓冲溶液（$NaOH - Na_2B_4O_7 \cdot 10H_2O$）。pH 值为 12 时，$Ca^{2+}$ - edta 也可定量配合，此时 Mg^{2+} 生成氢氧化物消除干扰。Fe^{3+}，Mn^{2+}，Ca^{2+}，Cd^{2+}，Ba^{2+}，Sr^{2+}，Ni^{2+}，Co^{2+} 干扰反应，故不应存在。当试液 pH 值小于 11.8 时加 GBHA，溶液为无色，以 NaOH 调 pH 值，直到溶液显淡红色，即 pH≈12，再加缓冲溶液，以 EDTA 标准溶液滴定 Ca^{2+} 终点为黄色，从而测得 Ca^{2+} 的含量：

$$Ca^{2+}\text{-gbha} + \text{edta} \longrightarrow \underset{\text{(红色)}}{Ca^{2+}\text{-EDTA}} + \underset{\text{(黄色)}}{\text{GBHA}}$$

(6)Mg^{2+} 的测定。在测定 Ca^{2+} 的溶液中滴加 HCl(2 mol·L^{-1}约 2 mL)使溶液的黄色退去（如有锰存在时，由于与 GBHA 生成黄色配合物封闭指示剂，所以加 HCl 黄色不可能退去，则直接加入 2 mL HCl 即可），此时溶液的 pH≈10，加 pH=10 的缓冲溶液，以铬黑 T 为指示剂，用 EDTA 滴定可测得 Mg^{2+} 的含量。铬黑 T 在 pH<6.3 时为紫红色，pH>11.55 为橙色，只有 pH 值在 6.3～11.55 之间为蓝色。在 pH=10 的介质中 Mg^{2+} 与 EDTA 定量配合。Al^{3+}，Fe^{3+}，Co^{2+}，Ni^{2+}，Cu^{2+}，Ti^{4+} 封闭指示剂。空气中氧及 Mn^{4+}，Ce^{4+} 也能将指示剂氧化而退色，故滴定 Mg^{2+} 时上述离子应除去。铬黑 T 的化学名称是 1 -(1 -羟基- 2 -萘偶氮基)- 6 -硝基- 2 -萘酚- 4 -磺酸钠，铬黑 T 及其与金属离子的配合物结构式如下：

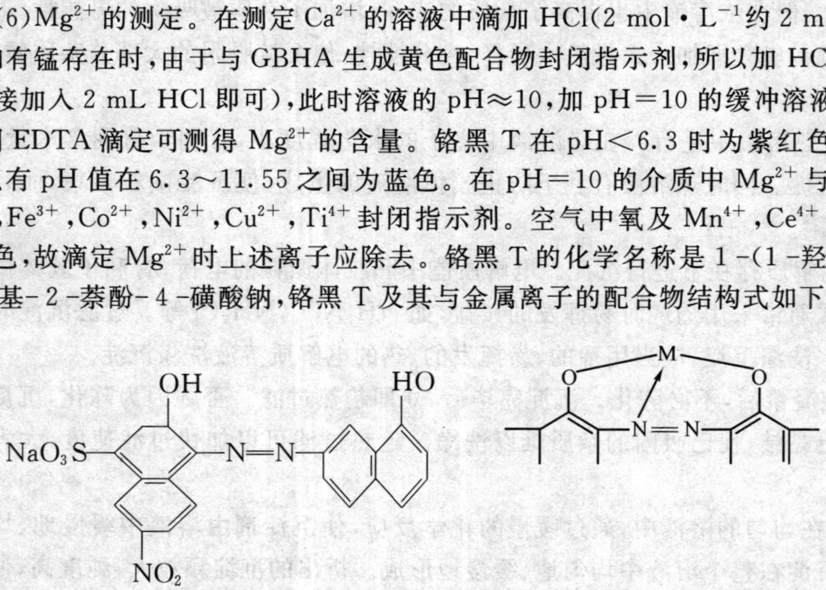

目前我国生产的硅酸盐水泥熟料的主要化学成分及其控制范围大致如表 4－25 所示。

表 4－25　国产硅酸水泥熟料主要化学成分等数据对照表

化学成分	含量范围	一般控制范围
SiO_2	18％～24％	20％～22％
Fe_2O_3	2.0％～5.5％	3％～4％
Al_2O_3	4.0％～9.5％	5％～7％
CaO	60％～67％	62％～66％
MgO	4.5％以下	

样品中有锰，分离不完全时与 GBHA 生成黄色配合物，并封闭指示剂，不能为 EDTA 所置换，故滴定 Mg^{2+} 时终点为绿色，但不影响 Mg^{2+} 的分析结果。

如果试样事先经过定性分析确认有锰存在，欲消除锰的黄色干扰，在滴定 Ca^{2+} 后的溶液中加 1 mL 10％盐酸羟胺，可破坏黄色配合物，终点即为蓝色。

滴定 Mg^{2+} 时，因配合反应速度较慢，有回红现象，应达稳定蓝色才到终点。滴定前也可将溶液稍加热至 30～40℃，则终点稳定。其它的两价离子如 Co^{2+}，Ni^{2+}，Cu^{2+} 等能封闭指示剂，也是产生回红现象的原因。最好的掩蔽剂是 KCN，但在教学中不便使用该剧毒试剂。

本次实验操作步骤较多，分 3 次完成。

三、仪器与试剂

仪器：天平，烧杯（250 mL，500 mL），容量瓶（250 mL，500 mL），移液管（25 mL，100 mL），酸式滴定管，锥形瓶（250 mL），量筒。

试剂：溴甲酚绿（0.1％，20％的乙醇水溶液），磺基水扬酸钠（10％），PAN（0.3％乙醇溶液），氢氧化钠（20％），氨水（1∶1），盐酸（2 mol·L^{-1}，6 mol·L^{-1}），硝酸（浓），EDTA（0.02 mol·L^{-1}），尿素（50％），氟化铵（20％），硝酸铵（1％），硫酸铜（0.025 mol·L^{-1}），GBHA（0.04％乙醇溶液），铬黑 T（EBT，0.1％；0.1g EBT 溶于 75 mL 三乙醇胺和 25 mL 乙醇中），基准电解铜。

四、实验步骤

(1) EDTA 溶液的标定。

1)配制铜标准溶液（0.02 mol·L^{-1}，4 人配一份）：准确称取约 0.3g 的电解铜，加 3 mL 6 mol·L^{-1}的 HCl，滴加 2～3 mL H_2O_2，盖上表面皿待其溶解后加热煮沸，赶尽 H_2O_2（大气泡冒完为止）。冷却后移入 250 mL 容量瓶中，用蒸馏水稀释至刻度，摇匀备用。

2)标定：移取 10.00 mL 标准铜溶液，加 5 mL pH＝3.5 的缓冲溶液，35 mL 蒸馏水，加热至 80℃左右，加 4 滴 PAN 指示剂，用 EDTA 溶液趁热滴定至 Cu^{2+}－pan 的红色消失（变为茶绿色）即为终点。平行滴定 3 次，计算 EDTA 的浓度：

$$c(\mathrm{EDTA})=\frac{1\,000}{250}\times\frac{m(\mathrm{Cu})}{63.55}\times\frac{V(\mathrm{Cu^{2+}})}{V(\mathrm{EDTA})}$$

(2) 铁、铝的分离。向前次保存的 100 mL 试液中滴加 6 mol·L^{-1}氨水使之生成沉淀，再滴加 2 mol·L^{-1} HCl 使沉淀刚好溶解，加入 50%的尿素 20～30 mL。小火加热约 20 min 并不断搅拌，待 Fe^{3+}，Al^{3+} 完全沉淀后趁热过滤，用 250 mL 容量瓶承接滤液，以 1%NH_4NO_3 热水洗沉淀至无 Cl^-。滤液和洗涤液一并保存在容量瓶中(不用稀释至刻度)，待下次做 Ca^{2+}，Mg^{2+} 的测定。

五、思考题

(1) 在 Fe^{3+}，Al^{3+}，Ca^{2+}，Mg^{2+} 共存时，能否控制酸度滴定 Fe^{3+}？其合适的 pH 值范围是多少？

(2) 测定 Al^{3+} 时，是以 $CuSO_4$ 回滴 EDTA，PAN 为指示剂，最佳 pH 值范围是多少？为什么采用回滴法？

(3) 测 Ca^{2+}，Mg^{2+} 时，Fe^{3+}，Al^{3+} 的干扰如何消除？用沉淀法分离 Fe^{3+}，Al^{3+} 外还可以用哪些掩蔽剂？

(4) 为什么用铬黑 T 为指示剂测定 Mg^{2+} 时不能用三乙醇胺掩蔽 Fe^{3+}？

(5) 测定 Ca^{2+} 和 Mg^{2+} 时如何利用 GBHA 指示剂调节溶液的 pH 值？

实验 38　储藏环境中氧气和二氧化碳气体的测定

一、实验目的

(1) 了解用气体吸收法测定气体组分的基本原理。

(2) 学习用气体分析仪测定气体组分的操作方法。

二、实验原理

采摘后的果蔬仍是一个有生命的活体，在储藏过程中不断地进行着呼吸作用，必然影响到储藏环境中 O_2 及 CO_2 含量，如果 O_2 过低或 CO_2 过高，或两者比例失调，会危及果蔬正常生命活动。特别是在气调储藏中，要随时掌握储藏环境中 O_2 及 CO_2 的变化，所以果蔬在储藏期间需经常测定 O_2 及 CO_2 的含量。

测定 O_2 及 CO_2 含量的方法有化学吸收法及物理化学测定法，前者是应用奥氏气体分析仪或改良奥氏气体分析仪以氢氧化钠溶液吸收 CO_2，以焦性没食子酸碱性溶液吸收 O_2，从而测出它们的含量。后者是利用 O_2 及 CO_2 测试仪表进行测定，即使有较高级的测氧和二氧化碳仪器，也要用奥氏气体分析仪作校正，以便减少或消除仪器的误差。

三、仪器和试剂

仪器：奥氏气体分析仪，梳形管，吸气球，量气筒，调节瓶，三通活塞(磨口)，取气囊。

试剂：

1) 氧吸收剂：取焦性没食子酸 30 g 于第一个烧杯中，加 70 mL 蒸馏水，搅拌溶解，定容于 100 mL；另取 30 g 氢氧化钾或氢氧化钠于第二个烧杯中，加 70 mL 蒸馏水中，定容于100 mL；冷却后将两种溶液混合在一起，即可使用。

2) 二氧化碳吸收剂：30%的氢氧化钾或氢氧化钠溶液吸收二氧化碳(以氢氧化钾为好，因氢氧化钠与二氧化碳作用生成碳酸钠的沉淀量多时会堵塞通道)。取氢氧化钾 60 g，溶于

140 mL蒸馏水中，定容于200 mL即可。

3）封闭液的配制：在饱和的氯化钠溶液中，加1～2滴盐酸溶液后，加2滴甲基橙指示剂即可。在调节瓶中很快形成玫瑰红色的封闭指示剂。当碱液从吸收瓶中偶然进入量气筒内，会使封闭液立即呈碱性反应，由红色变为黄色，也可用纯蒸馏水做封闭液。

还需焦性没食子酸、氢氧化钾、氯化钠、液体石蜡等。

四、实验步骤

(1) 清洗与调整。

清洗：将仪器的所有玻璃部分洗净，磨口活塞涂凡士林，并按图3-13装配好。在吸气球管中注入吸收剂，3中注入二氧化碳吸收剂，4中注入氧气吸收剂，吸收剂不宜装得太多，一般装到吸收瓶的1/2(与后面的容器相通)即可，后面的容器加少许(液面有一薄层)液体石蜡，使吸收液呈密封状态，调节瓶中装入封闭液。将吸气孔接上待测气样。

调整：将所有磨口活塞关闭，使吸气球管与梳形管不相通，转动8呈┝状，高举调节瓶，排出2中空气，以后转动8呈┥状，打开活塞5并降下1，此时3中的吸收剂上升，升到管口顶部时，立即关闭5，使液面停止在刻度线上，然后打开活塞8，同样使吸收剂液面达到刻度线。

(2) 洗气。用气样清洗梳形管和量筒内原有空气，使进入中的气样保持纯度，避免误差。打开三能活塞，箭头向上，调节瓶向下，气样进入量气筒，约100 mL，然后把三通活塞箭头向左，把清洗过的气样排出，反复操作2～3次。

(3) 取样。正式取气样，将三通活塞箭头向上，并降低调节瓶，使液面准确达到"0"位，取气样100 mL，调节瓶与量气筒两液面在同一水平线上，定量后关闭气路，封闭所有通道。再举起调节瓶观察量气筒的液面，堵漏后重新取样。若液面稍有上升后停在一定位置上不再上升，证明不漏气后，可以开始测定。

(4) 测定。先测定二氧化碳，旋动二氧碳吸气球管活塞，上下举动调节瓶，使吸气球管的液体与气样充分接触，吸收二氧化碳，将吸收剂液面回到原来的标线，关闭活塞。调节瓶液面和量气筒的液面平衡时，记下读数。如上操作，再进行第二次读数，若两次读数误差不超过0.3%，即表明吸收完全，否则再进行如上操作。以上测定结果为CO_2含量，再转动氧气吸气球管的活塞，用同样的方法测定出O_2含量。

五、结果与计算

$$\varphi_{CO_2}=100\times V_1-V_2$$

$$\varphi_{O_2}=100\times V_2-V_3$$

V_1——量气筒初始体积(mL)；

V_2——测定二氧化碳时残留气体体积(mL)；

V_3——测定氧气时残留气体体积(mL)。

六、注意事项

(1) 举起调节瓶时量气筒内液面不得超过刻度"100"，否则蒸馏水会流入梳形管，甚至到吸气球管内，不但影响测定的准确性，还会冲淡吸收剂造成误差。液面也不能过低，应以吸收瓶中吸收剂不超出活塞为准，否则吸收剂流入梳形管时要重新洗涤仪器才能使用。

(2) 举起调起瓶时动作不宜太快，以免气样因受压力大冲过吸收剂成气泡状而漏出，一旦发生这种现象，要进行重新测定。

(3) 先测二氧化碳后测氧气。

(4) 焦性没食子酸的碱性溶液在15～20℃时吸收氧的效能量大，吸收效果随温度下降而减弱，0℃时几乎完全丧失吸收力。因此测定，室温一定要在15℃以上。

(5) 多次举调节瓶读数不相等时，说明吸收剂的吸收能力减弱，需重新配制吸收剂。

七、思考题

(1) 本实验中是按怎样的顺序进行吸收待测气体的？

(2) 在气体分析中，各组分气体与吸收液的反应如何？

附　录

附录 1　洗涤液的配制及使用

(1) 含 $KMnO_4$ 的 NaOH 水溶液。将 10g $KMnO_4$ 溶于少量水中，向该溶液中注入 100mL 10% NaOH 溶液即成。该溶液适用于洗涤油污及有机物，洗后在玻璃器皿上留下的 MNO_2 沉淀，可用浓 HCl 或 Na_2SO_3 溶液将其洗掉。

(2) KOH 的乙醇溶液。

(3) 酒精与浓硝酸的混合液。此溶液适合于洗涤滴定管。使用时，先在滴定管中加入 3mL 酒精，沿壁再加入 4mL 浓 HNO_3，盖上滴定管管口，利用反应所产生的氧化氮洗涤滴定管。

(4) 盐酸与酒精(1∶2)洗涤液。适用于洗涤被有机试剂染色的吸收池，吸收池应避免使用毛刷和铬酸洗液。

附录 2　市售酸碱试剂的浓度及密度

试　剂	密度/(g·mL^{-1})	物质的量浓度/(mol·L^{-1})	质量分数/(%)
冰醋酸	1.05	17.4	99.7
氨水	0.90	14.8	28.0
苯胺	1.022	11.0	
盐酸	1.19	11.9	36.5
氢氟酸	1.14	27.4	48.0
硝酸	1.42	15.8	70.0
高氯酸	1.67	11.6	70.0
磷酸	1.69	14.6	85.0
硫酸	1.84	17.8	95.0
三乙醇胺	1.124	7.5	
浓氢氧化钠	1.44	14.4	40
饱和氢氧化钠	1.539	20.07	

附录3 常用指示剂

(Ⅰ)酸碱指示剂

指示剂	变色范围 pH	颜色变化	pK_{HIn}	浓 度
百里酚蓝	1.2～2.8	红～黄	1.65	0.1%的20%乙醇溶液
甲基黄	2.9～4.0	红～黄	3.25	0.1%的90%乙醇溶液
甲基橙	3.1～4.4	红～黄	3.45	0.1%的水溶液
溴酚蓝	3.0～4.6	黄～紫	4.1	0.1%的20%乙醇溶液或其钠盐水溶液
溴甲酚绿	4.0～5.6	黄～蓝	4.9	0.1%的20%乙醇溶液或其钠盐水溶液
甲基红	4.4～6.2	红～黄	5.0	0.1%的60%乙醇溶液或其钠盐水溶液
溴百里酚蓝	6.2～7.6	黄～蓝	7.3	0.1%的20%乙醇溶液或其钠盐水溶液
中性红	6.8～8.0	红～黄橙	7.4	0.1%的60%乙醇溶液
苯酚红	6.8～8.4	黄～红	8.0	0.1%的60%乙醇溶液或其钠盐水溶液
酚酞	8.0～10.0	无～红	9.1	0.2%的90%乙醇溶液
百里酚蓝	8.0～9.6	黄～蓝	8.9	0.1%的20%乙醇溶液
百里酚酞	9.4～10.6	无～蓝	10.0	0.1%的90%乙醇溶液

(Ⅱ)混合指示剂

指示剂溶液的组成	变色时pH值	颜色		备注
		酸色	碱色	
一份0.1%甲基黄乙醇溶液 一份0.1%次甲基蓝乙醇溶液	3.25	蓝紫	绿	pH = 3.2 蓝紫色 pH = 3.4 绿色
一份0.1%甲基橙水溶液 一份0.25%靛蓝二磺酸水溶液	4.1	紫	黄绿	
一份0.1%溴甲酚绿钠盐水溶液 一份0.2%甲基橙水溶液	4.3	橙	蓝绿	pH = 3.5 黄色 pH = 4.05 绿色 pH = 4.3 蓝绿色
三份0.1%溴甲酚绿乙醇溶液 一份0.2%甲基红乙醇溶液	5.1	酒红	绿	
一份0.1%溴甲酚绿钠盐水溶液 一份0.1%氯酚红钠盐水溶液	6.1	黄绿	蓝绿	pH = 5.4 蓝绿色 pH = 5.8 蓝色 pH = 6.0 蓝带紫 pH = 6.2 蓝紫色

续表

指示剂溶液的组成	变色时pH值	颜色		备注
		酸色	碱色	
一份0.1%中性红乙醇溶液 一份0.1%次甲基蓝乙醇溶液	7.0	蓝紫	绿	pH = 7.0 紫蓝
一份0.1%甲酚红钠盐水溶液 三份0.1%百里酚蓝钠盐水溶液	8.3	黄	紫	pH = 8.2 玫瑰红 pH = 8.4 清晰的紫色
一份0.1%百里酚蓝50%乙醇溶液 三份0.1%酚酞50%乙醇溶液	9.0	黄	紫	从黄到绿，再到紫
一份0.1%酚酞乙醇溶液 一份0.1%百里酚酞乙醇溶液	9.9	无	紫	pH = 9.6 玫瑰红 pH = 10 紫色
二份0.1%百里酚酞乙醇溶液 一份0.1%茜素黄R乙醇溶液	10.2	黄	紫	

（Ⅲ）配位滴定指示剂

名称	配制	用于测定		
		元素	颜色变化	测定条件
酸性铬蓝K	0.1%乙醇溶液	Ca	红～蓝	pH = 12
		Mg	红～蓝	pH = 10（氨性缓冲溶液）
钙指示剂	与NaCl配成1∶100的固体混合物	Ca	酒红～蓝	pH ＞ 12（KOH或NaOH）
铬天青S	0.4%水溶液	Al	紫～黄橙	pH = 4（醋酸缓冲溶液），热
		Cu	蓝紫～黄	pH = 6～6.5（醋酸缓冲溶液）
		Fe(Ⅱ)	蓝～橙	pH = 2～3
		Mg	红～黄	pH = 10～11（氨性缓冲溶液）
双硫腙	0.03%乙醇溶液	Zn	红～绿紫	pH = 4.5，50%乙醇溶液
铬黑T	与NaCl配成1∶100的固体混合物	Al	蓝～红	pH = 7～8，吡啶存在下，以 Zn^{2+} 离子回滴
		Bi	蓝～红	pH = 9～10，以 Zn^{2+} 离子回滴
		Ca	红～蓝	pH = 10，加入Mg - edta
		Cd	红～蓝	pH = 10（氨性缓冲溶液）
		Mg	红～蓝	pH = 10（氨性缓冲溶液）
		Mn	红～蓝	氨性缓冲溶液，加羟胺
		Ni	红～蓝	氨性缓冲溶液
		Pb	红～蓝	氨性缓冲溶液，加酒石酸钾
		Zn	红～蓝	pH = 6.8～10（氨性缓冲溶液）

续表

名称	配制	用于测定		
		元素	颜色变化	测定条件
紫脲酸胺	与 NaCl 配成 1∶100 的固体混合物	Ca Co Cu Ni	红～紫 黄～紫 黄～紫 黄～紫红	pH > 10 (NaOH),25%乙醇 pH = 8～10 (氨性缓冲溶液) pH = 7～8 (氨性缓冲溶液) pH = 8.5～11.5 (氨性缓冲溶液)
PAN	0.1%乙醇(或甲醇)溶液	Cd Co Cu Zn	红～黄 黄～红 紫～黄 红～黄 粉红～黄	pH = 6 (醋酸缓冲溶液) 醋酸缓冲溶液,70～80℃。以 Cu^{2+} 离子回滴 pH = 10 (氨性缓冲溶液) pH = 6 (醋酸缓冲溶液) pH = 5～7 (醋酸缓冲溶液)
PAR	0.05%或 0.2%水溶液	Bi Cu Pb	红～黄 红～黄(绿) 红～黄	pH = 1～2 (HNO_3) pH = 5～11(六次甲基四胺,氨性缓冲溶液) 六次甲基四胺或氨性缓冲溶液
邻苯二酚紫	0.1%水溶液	Cd Co Cu Fe(Ⅱ) Mg Mn Pb Zn	蓝～红紫 蓝～红紫 蓝～黄绿 黄绿～蓝 蓝～红紫 蓝～红紫 蓝～黄 蓝～红紫	pH = 10 (氨性缓冲溶液) pH = 8～9 (氨性缓冲溶液) pH = 6～7,吡啶溶液 pH = 6～7,吡啶存在下,以 Cu^{2+} 离子回滴 pH = 10 (氨性缓冲溶液) pH = 9 (氨性缓冲溶液),加羟胺 pH = 5.5 (六次甲基四胺) pH = 10 (氨性缓冲溶液)
磺基水杨酸	1～2%水溶液	Fe(Ⅱ)	红紫～黄	pH = 1.5～2
试钛灵	2%水溶液	Fe(Ⅱ)	蓝～黄	pH=2～3(醋酸热溶液)
二甲酚橙 XO	0.5%乙醇(或水)溶液	Bi Cd Pb Th(Ⅳ) Zn	红～黄 粉红～黄 红紫～黄 红～黄 红～黄	pH = 1～2 (HNO_3) pH = 5～6 (六亚甲基四胺) pH = 5～6 (醋酸缓冲溶液) pH = 1.6～3.5 (HNO_3) pH = 5～6 (醋酸缓冲溶液)

(Ⅳ)吸附指示剂

名 称	配 制	用于测定		
		可测元素（括号内为滴定剂）	颜色变化	测定条件
荧光黄	1%钠盐水溶液	Cl^-，Br^-，I^-，SCN^-，(Ag^+)	黄绿～粉红	中性或弱碱性
二氯荧光黄	1%钠盐水溶液	Cl^-，Br^-，I^-，(Ag^+)	黄绿～粉红	pH = 4.4～7
四溴荧光黄(暗红)	1%钠盐水溶液	Br^-，I^-，(Ag^+)	橙红～红紫	pH = 1～2
溴酚蓝	0.1%的20%乙醇溶液	Cl^-，I^-，(Ag^+)	黄绿～蓝	微酸性
二氯四碘荧光黄		I^-，(Ag^+)	红～紫红	加入$(NH_2)CO_3$，且有Cl^-存在
罗丹明 6G		Ag^+，(Br^-)	橙红～红紫	0.3mol·L^{-1} HNO_3
二苯胺	Cl^-，Br^-，I^-，SCN^-，(Ag^+)	紫～绿	有I_2或VO_3^-存在	
酚藏花红		Cl^-，Br^-，(Ag^+)	红～蓝	

附录 4 不同温度下稀溶液体积对温度的补正值

观测体积/mL	10℃	12℃	14℃	16℃	18℃	20℃	22℃	24℃	26℃	28℃	30℃
10	+0.0	+0.0	+0.0	+0.0	0.00	0.00	0.00	−0.0	−0.0	−0.0	−0.0
20	1	1	1	1	+0.0	0.00	−0.0	1	1	2	2
25	+0.0	+0.0	+0.0	+0.0	1	0.00	1	−0.0	−0.0	−0.0	−0.0
30	3	2	2	1	+0.0	0.00	−0.0	2	3	3	3
40	+0.0	+0.0	+0.0	+0.0	1	0.00	1	−0.0	−0.0	−0.0	−0.0
50	3	3	2	2	+0.0	0.00	−0.0	2	3	4	5

附录5 元素的相对原子质量表(1989年)

按元素符号的字母顺序排列(不包括人工元素)

元素		原子序数	相对原子质量	元素		原子序数	相对原子质量
符号	名称			符号	名称		
Ac	锕	89	227.0278	Co	钴	27	58.933 20(1)
Ag	银	47	107.863 2(2)	Cr	铬	24	51.996 1(6)
Al	铝	13	26.981 539(5)	Cs	铯	55	132.905 43(5)
Ar	氩	18	39.948(1)	Cu	铜	29	63.546(3)
As	砷	33	74.921 59(2)	Dy	镝	66	162.50(3)
Au	金	79	196.966 54(3)	Er	铒	68	167.26(3)
B	硼	5	10.811(5)	Eu	铕	63	151.965(9)
Ba	钡	56	137.327(7)	F	氟	9	18.998 403 2(9)
Be	铍	4	9.012 182(3)	Fe	铁	26	55.847(3)
Bi	铋	83	208.980 37(3)	Ga	稼	31	69.723(1)
Br	溴	35	79.904(1)	Gd	钆	64	157.25(3)
C	碳	6	12.011(1)	Ge	锗	32	72.61(2)
Ca	钙	20	40.078(4)	H	氢	1	1.007 94(7)
Cd	镉	48	112.411(8)	He	氦	2	4.002 602(2)
Ce	铈	58	140.115(4)	Hf	铪	72	178.49(2)
Cl	氯	17	35.452 7(9)	Hg	汞	80	200.59(2)

参考文献

[1] 夏玉宇．化学实验室手册．北京:化学工业出版社,2004.

[2] 赵艳娜．化学实验技术．郑州:郑州大学出版社,2006.

[3] 卫子光．化学实验设计与研究．天津:南开大学出版社,2000.

[4] 郭子成,杨建一,罗青枝．物理化学实验．北京:北京理工大学出版社,2005.

[5] 李梅君,陈娅如．普通化学．上海:华东理工大学出版社,2001.

[6] 马家举．普通化学．北京:化学工业出版社,2003.

[7] 华彤文,陈景祖．普通化学原理．北京:北京大学出版社,2005.

[8] 任丽萍．普通化学．北京:高等教育出版社,2006.

[9] 孙毓庆．分析化学实验．北京:科学出版社,2004.

[10] 杨梅,梁信源,黄富嵘．分析化学实验．上海:华东理工大学出版社,2005.

[11] 佘振宝,姜桂兰．分析化学实验．北京:化学工业出版社,2006.

[12] 周仕学,薛彦辉．普通化学实验．北京:化学工业出版社,2000.

[13] 浙江大学普通化学教研组．普通化学实验．北京:高等教育出版社,1996.

[14] 倪惠琼,蔡会武．工科化学实验．北京:化学工业出版社,2006.

[15] 袁天佑,吴文伟,王清．无机化学实验．上海:华东理工大学出版社,2005.

[16] 王华林,翟林峰．无机化学实验．合肥:合肥工业大学出版社,2004.

[17] 蒋月秀,龚福忠,李俊杰．物理化学实验．上海:华东理工大学出版社,2005.

[18] 林桂汕,段文贵,张淑琼．有机化学实验．上海:华东理工大学出版社,2005.

[19] 姚映钦．有机化学实验．武汉:武汉工业大学出版社,2005.

[20] 闫果兰,王新爱,靳利娥．普通化学实验教学创新的探讨．太原理工大学学报(社会科学版),2005,24(s):110-11.

[21] 徐敏,吴惠明,宋龄英,等．理工科《普通化学实验》的改革与实践．广州化工,2006,34(5):75-76.

[22] 张建蓉．在普通化学实验教学中如何注重学生综合素质的培养．科教文汇,2006,2:53-54.

[23] 徐立红,徐玲．普通高校基础化学实验改革的探讨．皖西学院学报,2004,20(5):35-37.

[24] 夏华,冯春化,钱建荣．普通化学实验 CAI 的设计与研制．建材高教理论与实践,2001,20(2):100-101.

[25] 刘清云,等．普通工科院校基础化学实验课程教学改革初探．江汉石油学院学报(社科版),2003,5(3):80-81.

[26] 吴文源．对于大学无机化学实验教学的再认识．化学教育,2007,3:34-36.

[27] 张峻,冉春玲,徐琰．浅淡无机化学实验教学的改革．实验室科学,2007,2:38-39.

[28] 王竹梅,周玉行．《无机及分析化学实验》教改实践的收获与体会．化工之友,2007,7:

55－56.
[29] 李春梅．绘图软件在基础无机化学实验数据处理中的应用．实验室科学，2006，6：64－66.
[30] 田俐，陈琳．无机化学实验教学改革的探索与实践．实验科学与技术，2006，6：54－56.
[31] 董毅，赵建茹．加强无机化学实验的几种做法．高校实验室研究，2007，1：28－29.
[32] 邱晓航，张守民，顾文．无机化学实验课程的新尝试．实验室科学．2007，3：19－20.